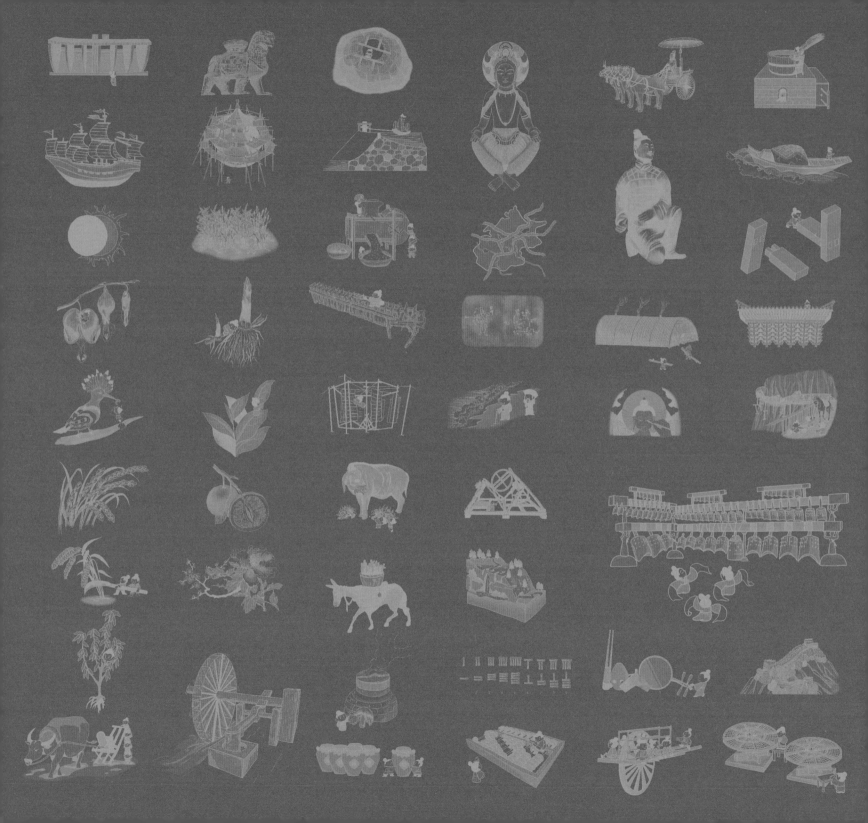

Books Bear
布克熊童书

会 讲 故 事 的 童 书

Magnificent Chinese Science and Technology in Ancient Times

# 了不起的
# 中国古代科技❸

邱成利　谷金钰 主编　文小通 著

中采绘画　杨 义 绘

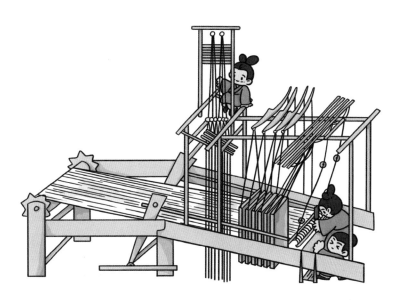

光明日报出版社

# 前 言

　　《了不起的中国古代科技》是一套为孩子量身定制的科普读物，内容包含中国科学院自然科学史研究所推选的重要科技项目和英国科技史学家李约瑟所研究的中国古代科技成果。

　　要想从浩瀚如星河的中国古代科技成果中选取一百多项，实在是一个大工程。经过专家们多次研讨、分析，最终确定以"了不起"为原则，选择了在当时领先全球的科学技术成果。

　　全书共四册。第一册主要展示中国古代农耕方面的科技成果，如二十四节气、水稻栽培、茶的发现、猪的驯化等；第二册、第三册主要展示中国古代领先于世界或独特的发明发现，如瓷器、青铜铸造、针灸、地动仪、"四大发明"等；第四册主要展示中国古代重大工程创造成就，如都江堰、秦陵铜车马、大运河、布达拉宫、紫禁城等。

因篇幅有限，书中涉及到工序流程时，部分内容只选择了几个重要步骤，不再一一指出。

由于古代科技发明创造十分繁杂，在进行目录排序时，编者进行了反复讨论，最终决定，用分类加时间的方式进行排列。比如第一册，先将本册的科技成就分成作物栽培、农具、调料作料等大类，然后将每一类按照时间先后顺序进行排列。

本书定稿后，专家们又进行了细致审读，前后共七次，每次都字斟句酌，反复推敲，加上撰稿、绘画、设计等时间，这套书精工细作，历时三年始出。

本书知识量大，难免有遗漏及错失之处，欢迎读者批评指正。

# 目录

# 52 养蚕

## 从野蚕到家蚕

传说部落首领黄帝（约5000年前）的正妻嫘（léi）祖十分能干，每天带领部落的女人织麻网、采果子、剥兽皮。由于劳累过度，嫘祖病倒了。为了让她能快点儿好起来，一些女人去山里为她寻找好吃的食物，结果在桑树上发现一种白色果子，于是采了回来。嫘祖一看，这些白色的东西并不是果子。她不顾生病跑去查看，最终发现"白色果子"是一种虫子吐出的丝变成的，这种虫子就是蚕。从此，嫘祖开始教大家养蚕，她也被尊称为"先蚕娘娘"。

## 蚕的一生

你可能会想，嫘祖教大家养蚕有什么用呢？当然有用啦，蚕吐出来的丝可以做衣服。不过，要想养蚕，就要先了解蚕的一生哦。

吃得太撑了，吐点儿丝吧。

**蚕卵**

温度刚刚好，蚕宝宝就要从蚕卵里孵出来了。

**蚁蚕**

啊，这不是假的蚕宝宝吧？又黑又瘦，浑身长满细细的黑毛，只有 2 毫米左右，跟黑芝麻一样大小……因为蚕宝宝和蚂蚁很像，所以被称为蚁蚕。

**五龄蚕**

蚕宝宝是不折不扣的"吃货"，除了睡觉，几乎一直在吃桑叶。蚕宝宝可真能吃啊，"蚕食鲸吞"这个成语就是这么来的吧。蚕宝宝开始变得又白又胖，"旧衣服"穿不了了，就要蜕皮了。蜕皮 4 次后，就成了五龄蚕。

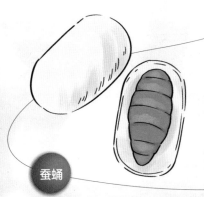

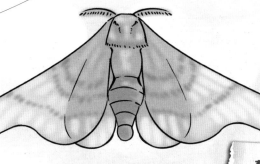

**蚕蛹**

五龄蚕不再吃桑叶，身体开始收缩，胸部变得透明，然后变戏法似的吐出丝来。它用丝把自己包裹得严严实实的，变成了蛹。

**蚕蛾**

蛹破啦！一只蚕蛾从蛹中爬出来，好漂亮啊。

### 春蚕到死丝方尽

从虫子变成蛾子的巨大变化，被称为"变态发育"。唐朝诗人李商隐曾写"春蚕到死丝方尽"。其实吐丝后的蚕并没有死，而是变成了蛾。

# 养蚕啦，养蚕啦

了解了蚕宝宝的一生后，现在就来看看古人怎么养蚕吧。

> 这个不够饱满呀！

**腊月浴蚕**
把蚕种放进盐水中，选出健壮的蚕种。

> 给蚕卵洗洗澡。

**清明暖种**
把蚕卵放在温水里，清明天暖，更容易孵化。

> 稻草还不够多……

> 扎茧山要用很多稻草。

**上山**
蚕宝宝长大啦，快把稻草扎成小山的样子，好让蚕在"山"上吐丝结茧。

蚕宝宝除了吃就是睡。

### 给蚕种"泡澡"

明朝人会用石灰水、淡盐水给蚕种"泡澡"。漂起来的不好，沉下去的也不好，剩下的就是能孵出健康蚕宝宝的蚕种啦。石灰水和淡盐水还有消毒作用呢。

### 温度很重要

蚕宝宝很娇气，只有在合适的温度下才会出生，所以一般春天才有蚕。后来，古人为了多产丝，想办法进行保温、降温或升温，养出了夏蚕、秋蚕，真是了不起呀！

**谷雨眠蚕**

把桑叶切碎喂给蚕宝宝，让蚕宝宝吃了睡、睡了吃。

"盐茧瓮藏"是一种很先进的蓄茧技术，就是在装蚕茧的大瓮中放入盐粒。"用盐杀茧"后，蚕丝更容易抽取，且明亮柔韧。

茧衣都脱干净了。

瓮里放好盐了，该密封了。

都用泥封严实了。

**下茧**

好多好多的茧呀，都取下来吧。别忘了剥去茧衣（蚕茧外面的丝缕）哦。

**瓮藏**

把茧放进瓮中封好后，就等着缫（sāo）丝吧。美丽的丝绸就要问世啦。丝绸可以制成衣物哦。

染色

缫丝

# 53 缫丝
## 把丝抽取出来

在西汉（公元前 202 年—公元 8 年）之前，古人就能够熟练地缫丝了。唐朝时，宣州（今安徽境内）出产一种红线毯。红线毯轻如薄纱、丝质柔滑、十分美丽。据说宣州太守为将其进献给皇帝，命令织工翻新花样，织出精品。织工们日夜干活，极尽辛苦才最终织成。红线毯被送入皇宫后，铺在地上，被美人们的脚随便践踏。她们一点儿也不知道这毯子蕴含着多少血汗，经过了多少工序，如采桑养蚕、择茧缫丝、拣丝练线、红蓝花染色……这个故事出自白居易的诗歌《红线毯》，概述了养蚕缫丝的过程，也表明缫丝在当时已经很普遍了。

## 什么是缫丝

把蚕茧抽出丝，就是缫丝。蚕吐丝时，将丝呈"8"字形缠绕到自己身上，形成蚕茧。为了取下它的丝，古人便用热水来煮蚕茧，使丝上的胶质溶化，丝就被抽出来啦。

### 蚕为什么能吐丝

蚕之所以能吐丝，是因为体内有两根绢丝腺。两条线在蚕嘴里会合，吐出来的丝看似一根，其实是两根互相缠绕而成的。

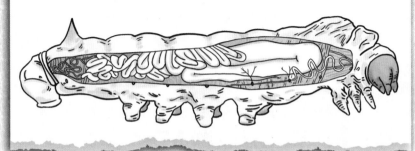

### 生丝和熟丝

蚕丝抽出来后，并不能直接使用哦。单根茧丝有的很短，有的容易断，所以，要把多根茧丝合在一起，成为又长又结实的丝，也叫生丝。生丝还残留着一些丝胶，把这些胶质去掉后，丝由硬变软，光泽流转，叫熟丝。

## 热釜法

你一看标题就知道了，这种缫丝法得用热锅。人坐在热气腾腾的锅边煮茧、抽丝，非常辛苦。

## 冷盆法

宋朝时，古人经过实验，发明了一个妙法：用热水煮茧，再把茧放到冷水盆里抽丝。这样一来，即使不能及时缫丝，也不会影响丝的质量。

## 缫丝工具大比拼

### 手摇缫丝车

最晚在秦汉时，手摇缫丝车已经开始推广。干活时需要两个人配合，一个人把蚕茧放进锅里，找到蚕丝的头儿，另一个人摇手柄，把抽出的丝卷起来。

### 脚踏式缫丝车

宋朝时，出现了脚踏式缫丝车。有了这个车，就不需要两个人一起干活了。缫丝的人可以一边放茧、找丝头儿，一边用脚踩踏板，把抽出的丝卷起来。

## 丝绸之路

西汉时，张骞出使西域，开辟了连通都城长安和西域的道路。通过这条路，中国的丝绸、茶叶、瓷器等传到西域和西方，西域和西方的宝马、葡萄、石榴、胡萝卜等传入中国。由于丝绸最有代表性，这条路被称为"丝绸之路"。

丝绸之路能和我绑定，我很荣幸。

张骞

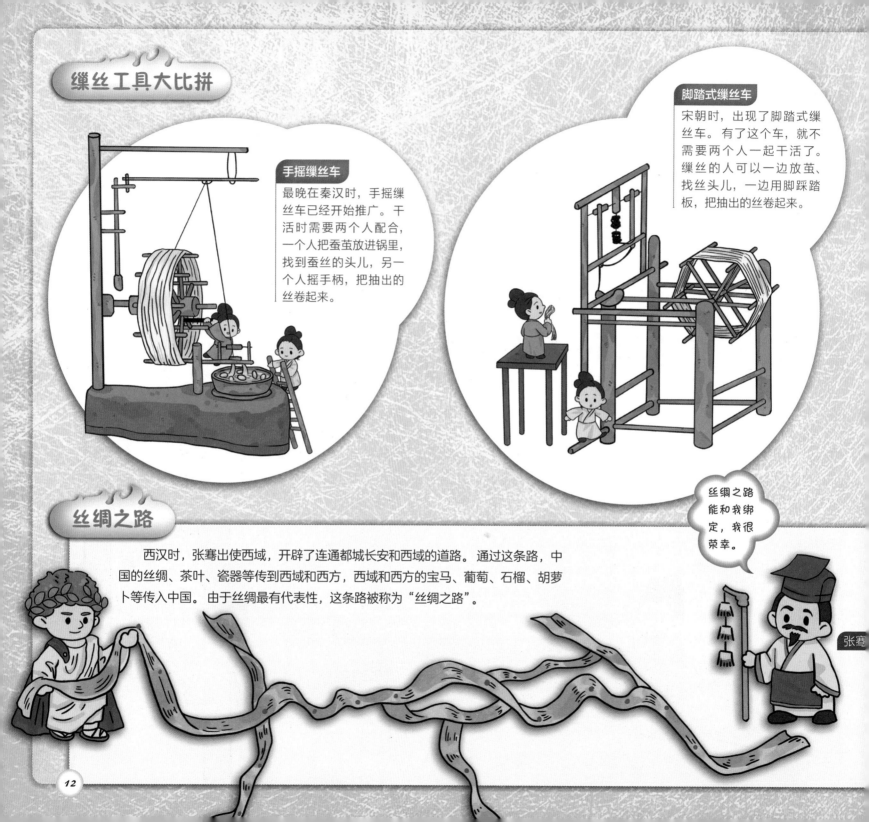

**络车**

缫好的丝可不能乱蓬蓬的啊，得卷得整整齐齐才好。络车就是把丝卷起来的工具。

**经架**

缫丝车抽出的丝，还需要整理。古人会根据织造所需的长度，用经架把丝整理好，之后就可以织造啦。

## 你知道吗？

　　丝绸传入古罗马之后，受到了古罗马人的追捧，成为一种奢侈品，价格堪比黄金。古罗马人把中国称为"丝国"，他们以为丝是长在树上的，只要摘下来，就能织成光彩夺目的衣服。

### 素纱禅衣

　　素纱禅（dān）衣出土于长沙马王堆汉墓中的辛追墓，其中一件仅重49克，薄如蝉翼，轻若烟雾，折叠后可放入一个火柴盒内，它代表了汉朝养蚕、缫丝、织造的高超水平。专家曾想仿制一件素纱禅衣，但经过几番努力，成品仍然比它重，大概是因为现在的条件太好，蚕吃得太饱，再也吐不出那么细的丝了。

汉延年益寿长葆子孙锦

# 54 提花机

## 把花纹"提"出来

先秦时，古人已经能够织造出美丽的花纹，只不过花费的时间很长，织出的花纹也都是平纹。西汉时，有一个名叫陈宝光的人，他的妻子心灵手巧，尤其擅长织绫。当时的权臣霍光（？—公元前68年）把她召进府中，让她专门负责织造。陈宝光的妻子经过一番精心研究，发明出一种机器，每60天可以织出一匹绫，花纹复杂繁丽，引起了轰动。她所发明的机器，就是提花机。

## 提花和绣花

你已经知道了提花机，那你知道什么是提花吗？提花可不是绣花，绣花一般都是采用平纹，提花相当于把花纹"提"出来，织造出凹凸的花纹。丝绸之路开通后，丝绸就是以提花织造闻名世界的。

腰机

## 提花和挑花

提花起源于挑花，什么是挑花呢？想必你能猜出一二，挑花就是把花纹"挑"出来。它是一种针法，也是一种抽纱工艺，最早是用原始腰机操作的。

## 原始腰机：现代织布机的老祖宗

原始腰机是什么"长相"呢？它很"粗放"，没有机架，古人直接席地而坐，把卷布轴的一端系在腰上，用脚蹬着另一端的经轴，就能利用葛纤维、麻纤维等材料织布了。由于干活时全靠腰和臀使劲儿，它被称为"腰机"，由于是席地而坐，它又叫"踞织机"。

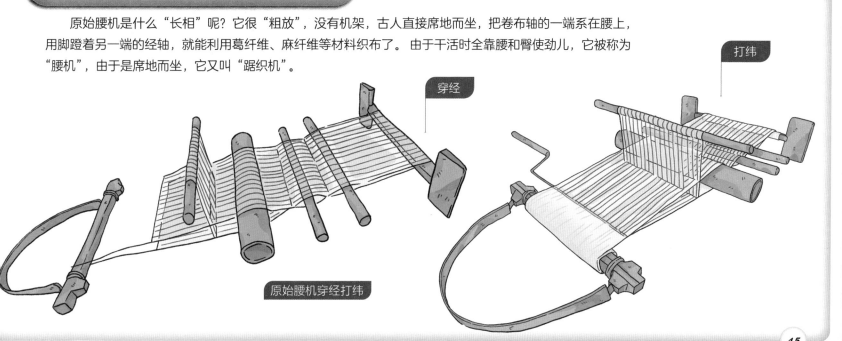

穿经

打纬

原始腰机穿经打纬

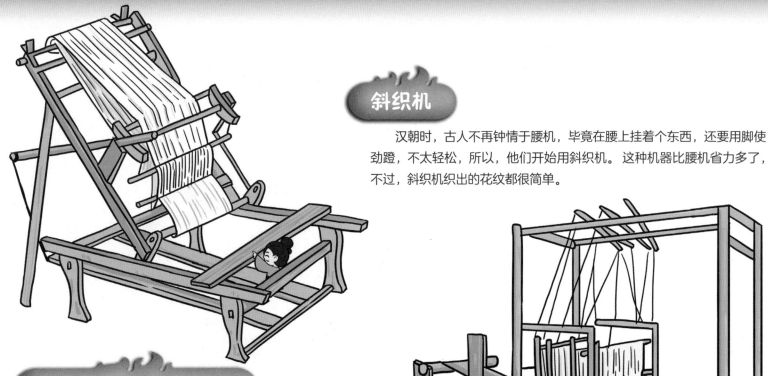

## 斜织机

汉朝时，古人不再钟情于腰机，毕竟在腰上挂着个东西，还要用脚使劲蹬，不太轻松，所以，他们开始用斜织机。这种机器比腰机省力多了，不过，斜织机织出的花纹都很简单。

## 提花机有多少只"脚"

织机一步步"进化"，等到陈宝光的妻子发明出提花机后，花纹单调的问题就解决了。这种提花机"长"着很多"脚"，就是有很多脚踏板。一个脚踏板控制一组经线，花纹越复杂，经线分的组越多，脚踏板也越多。陈宝光的妻子织散花绫的提花机，足有 120 个脚踏板。

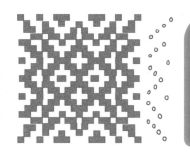

听说这家伙的"脚"比我的还多……

## 挑花结本

你有没有想过一个问题：如果提花图案越来越复杂，经线的分组越来越多的话，要让几十种颜色的经线和纬线搭配工作是很难的。那该怎么办呢？古人想出了"挑花结本"的绝招，把复杂的流程固定在花本里——花本相当于设计稿的模板，如某种纬线穿过时，哪组经线应该提起还是降下。花本中"储存"了多种花纹的织造流程，只要在提花机上按流程操作，就不会乱了。

### 你知道吗？

元朝时，提花技术传入西方。18 世纪，法国人贾卡用打孔纸版代替了花本，发明了纹版提花机。19 世纪，英国人巴比奇发展了打孔技术，这种技术是现代计算机控制原理的先声。

## 神奇的花楼

　　花本式提花机又叫花楼，因为它分楼上、楼下。楼上坐着一人，主要负责经线的穿梭；楼下坐着一人，脚踩着踏板，主要负责纬线的穿梭。两人互相埋头工作，谁也不看谁，但配合默契，一分一秒都没有错失。

纤纤静女，
经之络之。
……
动摇多容，
俯仰生姿。

［汉］王逸《机妇赋》

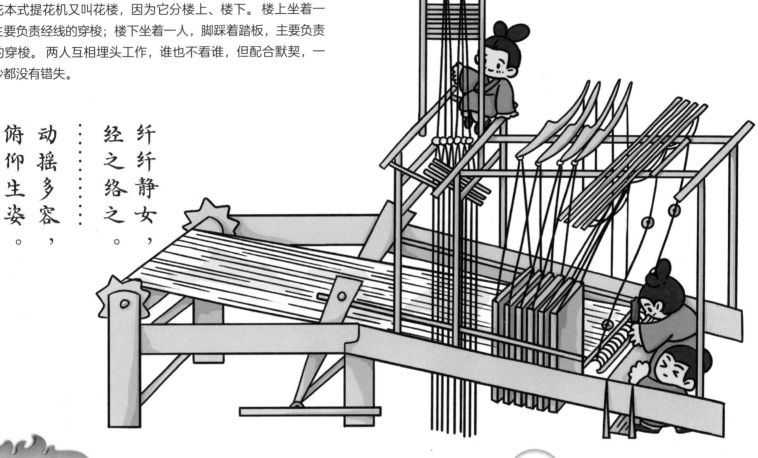

## 马钧的贡献

　　提花机虽好，但有个让人头疼的地方：踏板太多了。"织女"们织一匹花绫，不仅累得汗流浃背，而且花两三个月时间。三国时，发明家马钧看到织工常常操劳到深夜，每穿一根线就要踩几十下踏板，十分辛苦，便改进了提花机，简化了踏板，以前 10 个小时的劳动，一下子缩短到了两三个小时。

改进提花机花费了我很多心血，但愿大家用得舒心。

马钧

# 55 印染技艺

## 印花和染色的秘密

蓼蓝

马蓝

木蓝

菘蓝

蓝草是一种能染布的植物，包括蓼蓝、菘蓝、马蓝、觅蓝和木蓝。它们的根就是中药板蓝根。蓝草制成的有机染料被称为靛蓝，也叫靛青。

在10000~5000年前的新石器时代，一些原始人在狩猎和采集野果野菜时，偶然碰到一种植物，叶子放在手里揉搓后，汁液是黄绿色的，过了一段时间，又会变成美丽的蓝绿色。他们非常好奇：如果用这种颜色来染织物会怎么样？于是，他们把织物和这种叶子一起揉搓，结果惊奇地发现，织物竟然变成艳丽的蓝色了。此后，他们开始采集这种蓝草，把它与织物一起放到石板上揉搓，然后晾干，水洗。这就是最早的蓝靛（diàn）染色。

## 浸染问世啦

原始的染色方法是不是很简单？不过，这种方法有一些不足：织物上会残留蓝草残渣，颜色难以均匀，织物与蓝草一起揉搓容易破坏织物的纤维。春秋时期以前，人们经过不断摸索、实验，发明出浸染法，就是将蓝草去除根茎后，把叶子捣碎，放入坑里或木桶里，加冷水浸泡、发酵，再去除残渣，放入纺织物，浸染后晾干、水洗就行了。

古人把能制取靛蓝（靛青）的植物都叫"蓝"。在蓝中提取的蓝色，颜色比草本身更深。战国思想家荀子说："青，取之于蓝，而青于蓝。"大意就是，从蓝草中提取的靛蓝，比蓝草本身颜色更青。成语"青出于蓝"由此演化而来。

## 蓝草的化学反应

秋冬季节，蓝草凋萎，没法再染色了。春秋战国时，人们发明出一种制取靛蓝的技术：把蓝草切碎、过滤；将滤液放入瓮中发酵时，加入石灰，用木棍搅动；蓝草中含有糖苷，溶于水后，会迅速氧化，生成靛蓝；等液体沉淀后，去除水，就得到了泥膏一样的靛蓝，可以长时间保存。这样一来，一年四季随时都可以染色了。慢慢地，有人发现，加入米酒或酒糟，能使发酵变得稳定。这种技术非常实用，今天还在使用。

今儿得多捣些石灰。

### 你知道吗？

夏朝时，已经有人在种植蓝草。战国时，染蓝作坊遍布各诸侯国。秦汉时，河南开封一带甚至出现了专门的产蓝区。

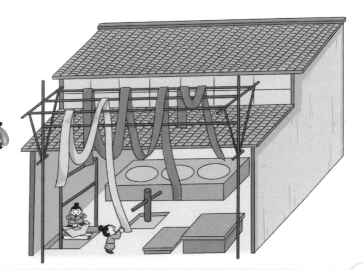

## 蜡染的"冰纹"

古人不仅用蓝草染色，还用其他植物、矿物或其他材料染出了各种色彩和纹样。蜡染至少在秦汉时就出现了，就是融化蜡烛，再用刻刀蘸蜡，在布上画花，然后用蓝靛浸染，能出现蓝底白花或白底蓝花的图案；蜡的自然龟裂，还使布上出现"冰纹"的效果，素雅朴实，极为独特。到隋唐时，蜡染已经非常流行。

## 镂空印花

古人还发明了印花技艺。"印染"就是指印花和染色。秦汉时出现的"夹缬（xié）"，就是一种镂空版印花。这种技艺在隋朝时流行起来，就是用两块雕镂一样花纹的木板夹住布，在镂空的地方涂刷染料，拿走镂版后，花纹就显示了。

## 世界最早的印花技术

汉朝时，世界上最早的型版印花技术出现了。这是一种凸纹印花法，就是在木板上挖刻出花纹，再在花纹凸起的地方涂刷颜料，然后把花纹压在布上，布上就印上版型纹样了，就像用图章盖印一样。

汉朝以前，古人用"画绘"的方法印花，就是先手绘图纹，再把植物颜料涂抹在织物上，但很费时间，也容易褪色。

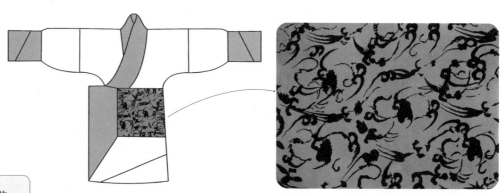

马王堆汉墓出土的印花敷彩纱，就是凸纹印花与绘画的结合。

## 扎染的奥妙

唐朝后，绞缬等方法流行起来。绞缬是一种扎染，先在织物上设计花纹，再撮取花纹处的布，用线扎成各种"小结"，然后浸染，拆掉线后，扎结的地方没有渗进染料或渗得少，就呈现出各种自然的纹样来。

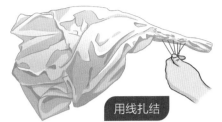

用线扎结

扎结处的纹样

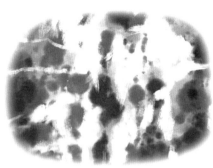

## 碱印是什么

碱剂印花发明于唐朝，用草木灰或石灰等强碱性物质调成染浆，涂在绸缎上，使花纹部分的丝胶及所含色素溶解，现出深浅不同的色光。宋朝人还用石灰和豆粉调制碱性浆，印染出了"药斑布"（蓝印花布），可以做被单、蚊帐等。

## 硫酸"上场"了

明朝人发明的拔染法，又叫"镪水画"，是印染技术的一大转折。先将一块布染成深蓝色，再用毛笔蘸稀硫酸液画画，然后漂洗，就出现了蓝底白色的纹样。不过，到了清末时，彩印花布开始引领时尚了。

# 缂丝

## 丝绸上的"立体雕刻"

金龙是用黄金捻成的金线织成，龙鳞用孔雀羽织成，共用了8000多米直径0.1毫米的捻金线，以及400米极细的孔雀羽线。孔雀羽线的颜色会随着光线的变化而变化，穿在身上时，令人感觉龙是活的。

汉朝以前，缂（kè）丝就被能工巧匠们发明出来了。宋朝时，缂丝风头更盛，跻身皇家御用织物的行列，很多缂丝作品还摹名家书画，艺术性极高。到明清时，缂丝甚至成为皇权的象征，为了制作万历皇帝出席大典的衮服，内织染局一共花费了大约13年时间，用了大约3600道工序，才织成一件"缂丝十二章福寿如意衮服"。缂丝采用"通经断纬"织法，使花纹的边界好像雕琢镂刻一样，非常立体，被称为"织中之圣"，为中国传统丝绸艺术品中的精华。

## 为什么叫缂丝

缂丝也被称为"刀刻的丝绸"，知道为什么这样称呼吗？举个例子，如果想织红颜色，就要用有红线的小梭子织；想织绿颜色，就要用有绿线的小梭子织；如果想织多种颜色的话，那么，十几把、二十几把小梭子就要来来回回地织，而两个梭子之间的连接处，就会出现一个空缺，好像被刀刻了出现的裂缝一样，所以也叫"刻丝"。

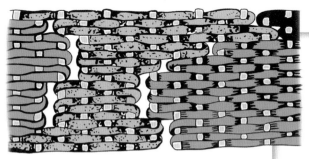

## 画 样

不要以为有了缂丝机就万事大吉了，就算是普通的织造，至少也要经过 16 道工序。比如，织造之前要画样，就是把图样放在经线下，用毛笔在经面上勾勒出来，再进行配色、选线。

## "勾勾搭搭" 的丝线

无论是古代还是今天，缂丝都是稀有的奢侈品，因为它的织造技法特异，要"通经断纬"。什么意思呢？简单点说，经线是竖着的线，纬线是横着的线，织造时，固定住经线，只编织纬线，换色时，要把纬线从经线上绕回来，虽然两个颜色断开了，但中间的那个颜色的线在两边的经线上勾搭了这么一下，就出现了和其他颜色欲断未断的镂空效果。

每一个过渡色都要分多个色块来织，一个熟练的匠人一天也只能织几寸，做一件龙袍甚至要花上 10 多年时间，所以有"一寸缂丝一寸金"的说法。

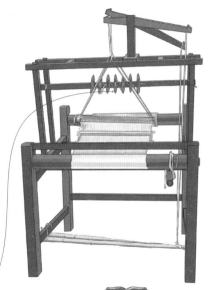

**缂丝机**
专门用于织造缂丝的机器。

**梭子**
主要用来穿纬线，两头尖尖，中间是一个可拆卸的线筒。织造一件作品有时要换上万个梭子。

**镜子**
织造时，要想知道图案织得对不对，可以把镜子放在经线下。

**拔子**
拔纬工具，能把纬线拔压紧密。

# 针灸
## 神奇的医学"魔法"

远古时期，原始人每天都光着脚追赶野兽，受伤是家常便饭。不知什么时候，有人发现，不小心撞到石头、荆棘后，受伤部位的疼痛竟然会减轻！于是，他们开始磨制尖利的石头，也就是砭（biān）石，不舒服的时候就往身上扎扎。火被使用之后，原始人偶然发现，身体某个部位的病痛经过烧灼、烘烤后能得到缓解甚至解除。于是，他们又焚烧树枝、草叶在疼痛部位灸烤，这就是灸。就这样，针灸慢慢诞生啦。针灸的发明不晚于公元前3世纪。

砭石

## 砭 石

砭石是最早"出道"的针,为后世针刀工具的"老前辈"。它不仅能刺激身体,还能切开肿物排脓,所以,也叫针石。

### 最早的砭石

"有石如玉,可以为针",这是《山海经》中有关砭石的记载。

## 针 法

砭石之后,各种针纷至沓来,有骨针、竹针、陶瓷针、青铜针、铁针、银针、金针等。现在使用的是不锈钢针。古人把针(多为毫针)刺入人体,刺激特定部位,达到治病的目的。

青铜针

## 九 针

大约汉朝时,古人已经发明出"九针"为身体"保驾护航"。

**镵(chán)针**
用于浅刺出血。古人害了热病、皮肤病时,往往要请它露一手。

**圆针**
当古人筋肉麻痹、疼痛时,会用它按摩。

**鍉(dī)针**
这款针的"头儿"是圆的,不能扎到皮肤里,但它是按压经脉的"好手"。

**锋针**
如果古人身上长了包或痈,可以用它刺破,能调理经脉血气。

**铍(pī)针**
这家伙看起来像把剑,只要它"利剑一挥",就能割开脓包或割掉病变的地方。

**圆利针**
针尖又圆又利,针身很小,能刺痈肿、治疗麻痹等。

**毫针**
它可是出勤率最高的针啦。短的可浅刺,长的可深刺,很厉害哦。

**大针**
它可以用来泄水,比如,膝盖关节里有了积液,可以用它排出来。

**长针**
这是针中的"大长腿"。如果要刺向更深处,派它出马才够得着。

## 灸 法

你已经了解了一些针法，再来看看灸法吧。灸法就是用灸草烧灼、熏熨某个穴位，利用热的刺激来治病。

## "大明星"艾草

古人是用什么东西来烧灸呢？起先，在远古丛林中，原始人用兽皮或树皮包裹烧热的石块、砂土等进行热熨。后来，有人燃烧树叶、竹子、树枝等烧灸穴位。再后来，艾草因为容易燃烧、气味芳香、漫山遍野可见而渐渐"走红"，成为烧灸的"大明星"。

"砭而刺之"发展为针法，"热而熨之"发展为灸法，这就是针灸的前身。

### 艾灸的传说

相传，北宋之前，古人行军打仗时，士兵们会采集很多艾草点燃，附近有水源的地方就会冒出烟气，依靠这个办法就能找到水源。古人认为，经络对应水，如果在穴位处艾灸，就能找到人体内的水，疏通经络。

嗯嗯，草香也好闻。

热乎乎的，真舒服。

想要针灸，必须先了解经络。你知道什么叫经络吗？在你的身体里，有一些贯穿全身的"线路"，叫经脉。"线路"的大干线上还有一些分支，分支上有更小的分支，叫络脉。这就是经络啦。你觉得它像不像一棵大树呢？正是有了经络，你的五脏六腑、五官九窍、皮肉筋骨才能连接在一起。如果经络不通，你就会生病。这时，就可以请针灸来帮忙啦。针灸能疏通你的经络，让你的身体棒棒的。

## 穴位是什么

针灸可不是在身上乱扎哦，要扎在一些特殊的位置才行，这些位置就是穴位。有些穴位在经络上"安家"，有的则"落户"在骨骼间隙或凹陷里。当体液经过这些地方时，容易发生滞留，而针灸则可以帮助穴位保持通畅。

## 针灸铜人

北宋时，太医局翰林医官王惟一于公元 1027 年主持设计铸造了针灸铜人，大小与真人差不多。铜人有几百个穴孔，里面装着水，平时用黄蜡封着。老师考核学生时，学生如果扎中穴位，水就会流出来。这是中国最早的医学教学模具。

当你的大拇指和食指合拢时，鼓起的肌肉处，就是合谷穴。看看它的位置，你就明白穴位一般在哪里"安家"啦。

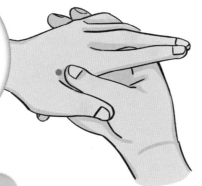

我造的铜人不错吧？

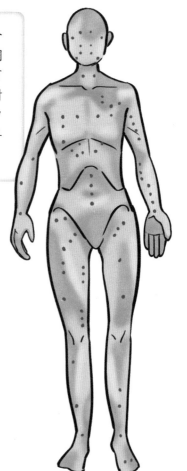

## 针灸的原理

如果你把一颗小石子扔到水里，会发现水面上荡起一圈圈的涟漪。针灸也是如此，它的刺激会像波纹一样在身体里传递下去，患病的地方就不那么痛了。针灸能激活肌肉活性，让你的肌肉不能偷懒，进入工作状态。

# 58 本草

## 丰富而有趣的学问

　　相传，远古时期，神农氏的本领很大，被推选为部落首领。当时，生存条件恶劣，部落成员生病后不知怎么治疗，有的就病死了。神农氏为了救治众人，每日在山间寻找草药。他品尝了很多野生植物，多次中毒，最终选出了一些可以治病的草药。这就是"神农尝百草"的传说。

黄连

乌头

巴豆

白芷

神农氏虽然"活"在神话传说中，但他在古代社会备受推崇。汉朝人整理出一本中医药学著作，就"借"了神农的名字，叫《神农本草经》，也叫《本草经》。书中记载了365种药物，分上、中、下三品。上品包含无毒的滋补品，如人参、红枣等；中品多为能治病的药物，如黄连、白芷等；下品多为有毒的药物，如乌头、巴豆等。

## 本草学

有趣的是，秦汉时，一些人为了寻找长生不老药，积极地采摘、炮制草药，促进了本草学的诞生。

## 陶弘景的贡献

南北朝时，本草学的风头很盛，隐士陶弘景编撰了《本草经集注》，收录了700多种药物。

### 李时珍：药物学界的王子

明朝出了一个李时珍（公元1518年—1593年），使本草学熠熠生辉。他撰写了192万字的《本草纲目》（从公元1552年至1578年，三易其稿），记载了1892种药物，配图1109幅，纠正了很多以前的错误，还有很多重要发现和突破。他把药物分成16部，各部下分60类，每一药名下分8个项目，十分科学。《本草纲目》后来被翻译成多种文字在国外出版。达尔文撰写《物种起源》时多次引用此书，称之为"古代中国百科全书"。英国科技史学家李约瑟称李时珍为"药物学界的王子"。

# 59 四诊法

## 科学的诊病方法

春秋战国时，有一位名医叫扁鹊。有一天，扁鹊去见蔡桓公，通过观察，判断蔡桓公得了病，病在皮肤腠理间。但蔡桓公不信，说："我没有病。"过了十天，扁鹊再见蔡桓公，说病已入肌肉，蔡桓公仍旧不予理睬。又过了十天，扁鹊又见蔡桓公，说病已入肠胃，蔡桓公又不理会。又过了十天，扁鹊远远地看见蔡桓公，掉头就走了。蔡桓公派人问他，他说病已入骨髓，没法治了。五天后，蔡桓公身体疼痛，后来就病死了。扁鹊之所以判断蔡桓公患病，是通过四诊法中的望诊。传说四诊法是扁鹊发明的。

## 四诊法

如果你生病了去看中医，医生会对你左瞧右瞧，好像相面一样，还会让你张开嘴巴，伸出舌头，听听你的心跳，摸摸你的脉搏，对你问东问西。这就是"望闻问切"，合称"四诊法"。

## 听一听、闻一闻——闻

闻就是听病人说话、呼吸、咳嗽时的声音，以及闻病人散发出来的气味。

黄鼠狼先生，我在闻诊，请你暂时回避。

……

## 按一按——切

切就是切脉，用手指感觉病人脉搏跳动的快慢、深浅，是不是整齐等，了解人体内在的状况。

## 看一看——望

望就是观察病人的脸色、舌象等，以此来推断病因。

第一次看到这种舌象！

我刚吃完桑葚。

## 问一问——问

问就是询问病人和病人家属，了解病人病因、病史等。

## 脉的搏动

在切诊中，诊脉的发展最为悠久。古代医生通过手指转换多种手法去触、压脉搏，能够细致深切地感知脉的浮沉、虚实、静动、盈虚、滑涩、洪细等。古代医生共总结出 20 多种常用脉象。

## 还有一个按诊

切诊不仅包括脉诊，还包括按诊。医生通过触摸、按压病人的一些身体部位，可以了解病人胸腹的软硬、有无肿块、手足的温凉等。

#  方剂

## 药方里的世界

马王堆汉墓出土的《五十二病方》是迄今发现的最早的一部医学方书，记载了 283 个药方，还分出了内服和外用。

班昭

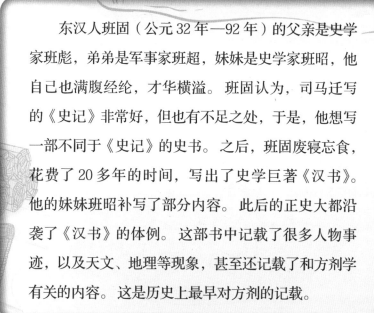

班固

东汉人班固（公元 32 年—92 年）的父亲是史学家班彪，弟弟是军事家班超，妹妹是史学家班昭，他自己也满腹经纶，才华横溢。班固认为，司马迁写的《史记》非常好，但也有不足之处，于是，他想写一部不同于《史记》的史书。之后，班固废寝忘食，花费了 20 多年的时间，写出了史学巨著《汉书》。他的妹妹班昭补写了部分内容。此后的正史大都沿袭了《汉书》的体例。这部书中记载了很多人物事迹，以及天文、地理等现象，甚至还记载了和方剂学有关的内容。这是历史上最早对方剂的记载。

## 什么是方剂

古人生病后，医生会开一个方子，让病人按照方子去抓药，并按照方子上写的方法煎药。这个药方就是方剂。研究方剂的学问就是方剂学。

## 君 药

看到"君"字，你能想到什么？当然是皇帝了。很多药方里都有君药，君药"地位"最高，是主药，用量大。比如，在很多药方里，何首乌是君药。

看谁敢抢朕的风头？

何首乌

## 佐 药

佐药分正佐和反佐。正佐可以辅佐治疗，反佐用来降低君药的副作用。桔梗和黄连经常充当佐药。

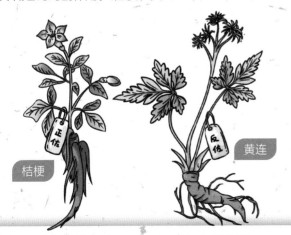

正佐

反佐

桔梗

黄连

## 臣 药

臣药是为君药服务的，能加强君药的作用。苍术就常做臣药。

皇上，加油！

嗯哼。

苍术

何首乌

## 使 药

"使"就是使者的意思。使药分两种：一种为引经药，就是药引子，它就像使者一样，引领各种药去"攻打"身体里的病灶；一种为调和药，是"和事佬"，缓和各种药的关系。甘草就经常充当"和事佬"。

甘草

### 你知道吗？

中药里有很多名字奇特的药物，堪称中药界的"笑星"。

**望月砂：**传说野兔排便时会仰头望月，它的粪便在中药里叫"望月砂"。

**十大功劳：**什么药有这么大的本事？原来是刺黄连。

**丢了棒：**可不是孙悟空丢了金箍棒，而是白桐树的根或叶。

**龙涎香：**听起来像是龙流出的口水，其实是抹香鲸的分泌物。

**凤凰衣：**这么高贵的名字属于鸡蛋壳里的那层薄膜。

# 61 法医学

## 脑洞大开的刑侦手段

战国（公元前475年—公元前221年）末年，秦国人喜17岁开始服徭役。他的一生，经历了秦始皇统一六国、建立秦朝的过程。他三次参军，多次浴血奋战。他还担任了一些与刑法有关的低级官职，最后死在任上。喜埋葬在湖北云梦睡虎地，墓中随葬了1000多枚竹简，多是他生前工作时抄录的法律文书。其中有一部《封诊式》，记录了25个案件，详细记载了勘察、审讯、定罪等步骤，堪称最早的法医鉴定格式。

## 痕迹检测技术

《封诊式》中记录了这样一个案件，写的是一个士兵的棉衣挂在偏房，被人偷走，官府得报，派人前来仔细勘验了盗贼留下的脚印、手印、膝盖印等。这说明当时已经有了痕迹检测技术，其中，手印包含指纹。

这是世界上最早的"指纹鉴定"。

## 文书检验技术

唐朝时，法医检测手段继续发展。江琛任湖州佐史时，把刺史裴光的信剪开，拼凑成一封新的信，诬陷裴光谋反。武则天派推事张楚金调查。张楚金偶然发现，阳光照到纸上，信件有修剪过的痕迹，于是把信放入水里，信纸便散开了。江琛只好认罪。这就是文书检测技术中的透光检测、肉眼审查和水溶实验。

## 动物实验技术

到了五代，出现了一部法学专著《疑狱集》。书中记载，三国时，吴国一个女子杀死了丈夫，烧毁了房子，谎称丈夫是被火烧死的。句章县令张举用一头死猪和一头活猪进行火烧实验，结果显示，死猪嘴巴里没有灰，活猪嘴巴里有很多灰。而这位女子的丈夫嘴巴里没有灰。女子只好承认了自己谋杀丈夫的事实。

该实验来自古籍记载，因活体实验十分残忍，现禁止施行，请勿效仿。

我的神呀！

## 第一部法医学专著

宋朝时，法医学迎来了它的黄金时代。宋慈撰写的《洗冤集录》为世界上第一部法医学专著，记述了人体解剖、尸体检验、现场勘查、死亡鉴定、自杀和谋杀的多种现象、多种毒物和急救方法等。书中区别真上吊和假上吊、真烧死和假烧死等方法，至今仍在使用。后来，《洗冤集录》成为官员办案的必备书，甚至成为考试的内容。

### 红油伞查骨

古代没有紫外线灯，要想查看尸骨上细微的痕迹非常困难，宋慈便用一把红油伞遮住尸骨，这样就能看清楚了。这是利用了光学原理，红油伞过滤掉了一部分干扰观察的光波，使细微的伤痕能被肉眼发现。

### 宋慈

宋慈（公元 1186 年—1249 年）是唐朝名相宋璟的后人，父亲是个狱官，他从小就耳濡目染父亲如何破案。长大后，他出任过广东、湖南等地提点刑狱官。当时，官吏不愿意验尸，认为接触尸体晦气，都让"贱民"负责，称为"仵作"。宋慈却觉得验尸非常重要，便下令：官员必须亲自验尸，不能只推给仵作。他一生破获了大量案件。

嗯，此处有伤痕。

### 榉树叶的秘密

有一次，一个浑身淤青的人告诉宋慈，自己被两个商人打伤了。宋慈查看伤痕后，说："你是在诬告。如果你真被拳脚打伤，皮下瘀血会有肿块，你身上虽然看着有淤青的痕迹，但皮肤十分嫩滑，没有肿块。"原来，此人是用榉树叶汁伪造了淤青。

**苍蝇破案**

一个农夫被人用镰刀砍死，宋慈让村民把家里的镰刀都交出来。一群苍蝇聚集在其中的一把镰刀上。宋慈于是审问镰刀的主人，果然是他杀害了农夫。因为镰刀即使被洗干净了，血腥味还在，仍然能吸引苍蝇。这是世界上最早利用昆虫帮人破案的例子。

慈谢昆虫帮我破案。

我没觉得自己做了什么呀……

**《洗冤集录》**

《洗冤集录》成书于公元1247年，共有53项内容，包括检验总说、验伤、验尸、辨伤、检骨等，被译成英、法、德等国文字。

## 法医"三大件"

元朝的儒吏考试程式中，关于法医学的有尸、伤、病、物。尸是尸体检查，伤、病是活体检查，物是物证检查。这是世界上第一次提出现代法医学"三大件"：尸体、活体和物证。

**《平冤录》**

《平冤录》成书于元朝初年，是以《洗冤集录》为蓝本撰写的。关于如何判断人是掉到水中淹死，还是被棍棒打死，或是上吊而死等，该书都有论述，弥补了《洗冤集录》的一些不足。

無冤録

平冤録

**《无冤录》**

元朝人王与所著《无冤录》，为当时刑事侦查中死伤检验的必备用书。15世纪，此书传到朝鲜，改编为《新注无冤录》，被定为司法官吏的必修书，一直用了300多年。18世纪传入日本后，成为日文法医学最早的书籍，多次再版。

# 62 人痘接种术

## 让人类远离天花

晋代医药学家葛洪（公元281年—341年）写过一本《肘后备急方》，书中记载了东汉时有人得的一种病：身上生疮，冒白浆，很多人因此而死。书中还记录了两个治疗此病的药方：一个是用上好的蜂蜜抹在身上，或者用蜂蜜和升麻一起煮了喝；另一个是用升麻煮水，抹在身上。葛洪还提道：最好用酒浸升麻擦洗，但是会疼痛难忍。这是世界上第一次对天花的症状及治疗药方的记载。

## 陈黯的花朵

什么是天花呢？天花是一种烈性传染病。但在古代，人们并不了解这种疾病。唐朝时，神童陈黯感染天花，脸上留下瘢痕。县令讽刺他："小诗童，黑痘瘢，怪好看。"13岁的陈黯回敬了一首诗，后两句是："天嫌未端正，满面与妆花。"大意是，上天担心他长得不够好看，就用花朵装饰他的脸。有人认为，"天花"这个名字由此而来。

天花病毒

## 什么是人痘接种术

用人为的方法，让健康的孩子受到一次轻微的天花感染，以此来预防天花，就是人痘接种术。清朝人刘大观《种痘行》中写道："奇哉痘可种，先天资后天。"

## 鼻痘法的露面

史书上记载，唐朝时，江南的一位姓赵的人用了鼻苗种痘法治疗天花，但没有引起注意。

听说有人会种痘。

谁不会种豆啊？

我一辈子都不会感染天花了，太神奇了。

## 接种人痘啦

宋真宗时，宰相王旦有好几个孩子，但都染上天花夭折了。王旦年老时生了一个儿子，为了保住这个孩子，他请人为儿子接种人痘。种痘后第7天，男孩开始发烧、出天花，12天后，痘结痂，男孩恢复了健康。

## 痘衣法

古人发现得过一次天花的人就不会再感染天花后，他们便把感染过天花的人的内衣脱下来，给没有得过天花的人穿上，让后者感染天花，从而获得免疫力。但这种方法和自然感染天花的区别不大，死亡率也很高。

## 痘浆法

痘浆法就是把感染者的疮挤出脓，用棉花蘸一点儿，塞到小孩的鼻孔里，让小孩感染轻微的天花，等康复后，就不会再感染了。但这种办法也难免有生命危险。

人痘接种术起初在民间秘传，清朝康熙年间获得官方推广。历史上记载的接种术大致有 4 种。

## 旱苗法

还有一个种痘法：把痊愈者身上脱落的痘痂，研磨成粉末，用一根管子吹一点儿到小孩的鼻孔里，给小孩接种。不过，由于粉末的多少难以控制，所以也会造成危险。

## 水苗法

水苗法相对安全一些。操作时，用水或人乳调匀痘痂粉末，再用薄棉布包起来，捏成枣核样，用细线拴着，放进小孩鼻孔，大约 12 个小时后，再拉出细线。这种方法使用最多。

## 熟苗接种法

把痂或脓汁作为痘苗，就是把天花病毒直接当疫苗，这叫"时苗"，接种后几乎九死一生。到了明清时期，有人注意到，把时苗连种 7 次，精选六七代之后，痘苗的毒力就会降低。这就是熟苗。用熟苗给人接种，几乎不会致死。

### 种痘的医生们

在清朝，医生给 100 个人接种，若有 5 个以上的人不成功，就可能丢掉饭碗。

## 怎么保存疫苗

古人认为，冬天取苗比夏天取苗好。夏天因为炎热，过了 20 多天，能发出痘来的就很少了。种痘时，最好用新鲜的种苗，10 个可发 9 个；过期的种苗不要用；储存时，要用纸包好种苗，放在竹筒里封闭保存，这符合现代免疫学疫苗储存原理。

### 你知道吗？

中国发明了人痘接种技术后，引起了西方国家的注意。1688 年，俄罗斯专门派人来中国学习种痘技术，后来又把这种技术传到土耳其和北欧；英国驻土耳其的公使又将其带回英国；接着，欧洲各国推广人痘接种技术；1744 年，中国人把人痘接种技术带到日本……一直到 1796 年牛痘被发明出来，全世界都在使用中国的人痘接种技术。它是人工免疫法的先驱。

## 什么是牛痘

18 世纪的时候，英国流行天花。一个叫琴纳的乡村医生发现，挤牛奶的人不会得天花。他悉心研究了一番，得出结论：牛感染天花后，传染给人类，人类只会稍微不舒服，并产生抗体，从而不再感染天花。琴纳想起中国的人痘接种技术，便用牛痘代替了人痘。中国的人痘技术逐渐退出了世界舞台。1980 年，世界卫生组织宣布天花绝灭。中国对免疫法的贡献是巨大的。

# ❻❸ 相风乌

## "捉"风的鸟

相传，皇娥是一位美丽的仙子，每晚都在璇宫织布。有时候，她会乘坐木筏漫游。一日，她游到烟波苍茫的穷桑之浦，遇见了一位容貌不凡的男子。他就是白帝之子，是太白之精化身下凡，降落在水边。他们一见倾心，于是同舟出游。他们将桂枝作为桅杆，将香草作为旌旗，还刻了一只玉鸠，把玉鸠放在桅顶，用来辨别风向。帝子抚琴，皇娥歌吟……后来，皇娥生下了西方天帝少昊……而"玉鸠测风"也成了最早的测风方法之一。

## 示风器

风到底是从哪里来的呢？风有多大的"威力"呢？商朝人曾在一根高杆上系上布帛或长羽，还系了一个铃铛。当风吹过时，铃铛会响起，有人就会跑来观察风的方向。这种示风器叫"伣（qiàn）"。

## "五两"是什么

西汉时，出现了"统（huán）"，也叫"五两"。这种测风仪是把鸡毛或饰带挂在高杆上——鸡毛的重量为5两或8两，便于对不同地方的风力和风向进行比较，是测风技术的一大进步。

古人总是把测风仪做成乌鸦的形状。这是因为乌鸦聪明，对风的感受较为敏锐，风大时它们会加固巢穴。

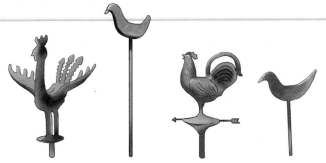

不同造型的相风乌

## 张衡和相风乌

西汉末年，有人制作出了另一种测风仪，叫"相风乌"。"相风"就是风向标的意思。东汉科学家张衡用青铜制作了一只"相风铜乌"，就是在一根高约16米的直杆上，立着一只乌鸦一样的铜乌。它昂首立在当时的国家天文台——灵台上，可以测量风向、风速，是世界上最早的测风仪器之一。

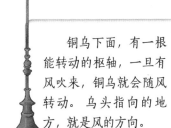

铜乌下面，有一根能转动的枢轴，一旦有风吹来，铜乌就会随风转动。乌头指向的地方，就是风的方向。

西方的测风仪——候风鸡（风信鸡），在12世纪（中国南宋时期）才出现。

## 铜乌变木乌

用铜制作的相风乌有些笨重，对风的感应有时候不大灵敏，也很难搬动。怎么办呢？魏晋时，有人用木头做出了较轻巧的相风木乌。

### 你知道吗？

到了唐朝，更简单、更方便移动的羽占问世了。它时常被用到军队中，而相风木乌更适合放在固定的屋顶上。此时，古人已经根据风力对树木的影响，把风分为8级。

在宋朝《清明上河图》中，虹桥的两端就有相风乌。

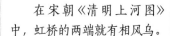

现存唯一的古塔风向标实物，是山西省浑源县圆觉寺塔塔顶上的鸾凤形相风乌，为明朝时所造。

# 64 小孔成像

## 看看光怎么"走路"

影子右侧
应有屋墙，为
便于读者观影，
未予呈现。

　　春秋战国时期，有一天，思想家墨子做了一个实验：中午的时候，他在屋墙上凿了一个小洞，然后让一个学生站在墙外，面对着小孔。这时，奇怪的事情发生了，在开孔墙对面的墙上，出现了这个学生的影子，是倒立的！这就是世界上第一个小孔成像实验。墨子记下了这次实验，并分析了小孔成像的原因和规律，这一发现比牛顿要早2000多年。

## 什么是小孔成像

如果你用一个有小孔的板子，挡在一个物体和白墙之间，白墙上就会出现这个物体倒着的实像，这就是小孔成像。如果你移动中间的板子，图像就会随之变大或变小。至于为什么会变大变小，墨子已经解释过了——是因为光的直线传播造成的。

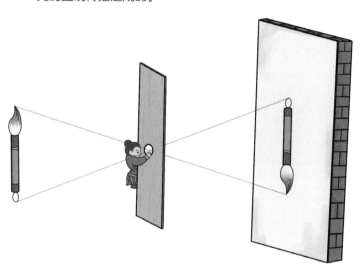

## 小孔和大孔

你可以自己做个实验：先准备好光源，然后在硬纸片上扎几个孔，有大有小，有方有圆；之后将硬纸片放在物体与白纸之间，在白纸上就会出现几个倒像，大小都一样，但孔越大，越不清楚。如果孔比物体还大，就无法成像了。是不是很意外？

### 如果孔非常非常小

如果孔太小，通过的光线就会减少，像的亮度也会有所降低。

## 太阳的"影子"

再给你举个例子，当天气晴朗时，你走在树下，会看到地上有太阳透过树叶照过来的光斑，每一个都是圆的。这就是小孔成像的原理，那些光斑就是太阳的"影子"。

我想找一个方的……

这不是小孔，是大洞……

为什么我的枣不能小孔成像呢？

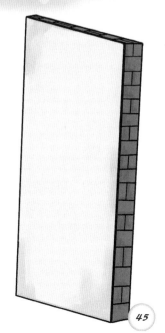

## 射线的形状

　　在日常生活中，古人注意到，从密林树叶间射到地面的光线，是射线状的；从窗外射入屋里的阳光，也是这样。古人慢慢意识到，光是沿直线"走路"的。不仅墨子注意到了这一点，还有很多人也注意到了这一点。

### 鸟的影子

　　墨子用光学原理解释鸟的影子，说鸟影是直线行进的光线照在鸟身上、被鸟遮住而形成的。鸟飞翔时，影子也好像在飞动。

## 奇特的画匠

　　战国时期的思想家韩非子记载了一个故事：有个人请画匠作画，三年后，木板上还是一片空白，不禁暴跳如雷。画匠说："请你修一座大房屋，在屋子对面的墙上开一扇窗，把木板放在窗后，你就能看到画了。"此人照办了，果然看到了"画"，只不过，"画"上的人和车都在运动，还是倒着的。这个画匠把窗作为小孔，在木板上成像了。

## 窥管

　　汉朝时，科学家张衡发明了浑天仪，里面有一个窥管，可以用来观测天象。窥管也是应用了小孔成像的原理。

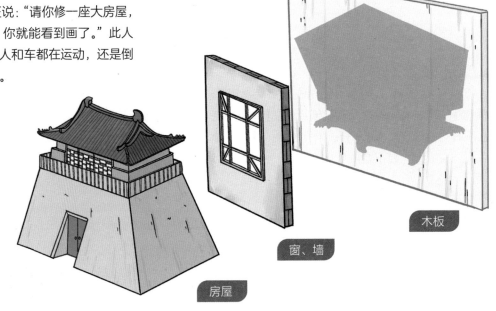

木板

窗、墙

房屋

## 鸢的飞翔

宋朝科学家沈括也做过小孔成像的实验。他做了一个纸鸢，纸鸢往东飞，影子也跟着往东飞；他把窗纸戳破一个小孔，窗外的纸鸢往东飞时，透过小孔，落在屋内屏风上的纸鸢影子，是往西飞。

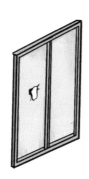

### 赵友钦

赵友钦出身宋朝皇族，元灭宋后，他为逃避元朝的迫害，四处流浪，却始终没有放弃对天文、地理、数学的研究。他做的小孔成像光学实验十分严谨，在当时的世界上绝无仅有。

### 你知道吗？

照相机和摄像机都应用了小孔成像的原理，镜头相当于小孔。

## 上千根蜡烛能做什么

元朝时，数学家赵友钦也做了一个实验。他在两层楼的楼下两间房子的地板中间，挖了两口圆井：一口浅井，深1米多；一口深井，深2米多。在浅井井底和深井桌面上，分别放上圆板，各插1000多根蜡烛。井口盖上板，一个开小方孔，一个开大方孔。蜡烛点燃后，可以看到楼板上出现圆像，孔小的暗，孔大的亮。井深，物距变大，影像变小。他由此证明了光的直线传播以及小孔成像的原理。

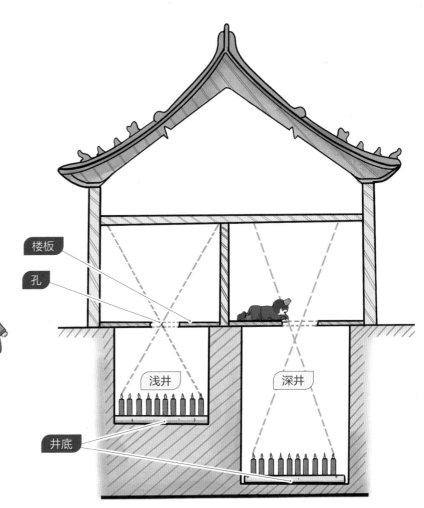

楼板

孔

浅井

深井

井底

# 马王堆帛地图

## 世界上最早的地图

**你知道吗？**

1973年，考古学家在长沙马王堆汉墓发现了3张汉文帝时期的地图，都画在帛上。这3张地图被称为"惊人的发现"。

汉朝人利苍早年追随汉高祖刘邦（公元前256或247年—公元前195年）东征西讨，汉朝建立后，他又平定叛乱，被封为轪（dài）侯，任长沙国丞相。利苍死后，葬在马王堆家族墓地。他的儿子利豨（xī）成为第二代轪侯。然而，利豨还不到30岁就病逝了，也葬入了马王堆。由于利豨出身富贵，又年轻而亡，他的陪葬品极为奢华，其中有3张珍贵的地图，是至今世界上已发现的最早的地图。

根据马王堆汉墓出土帛画绘制的地下世界

48

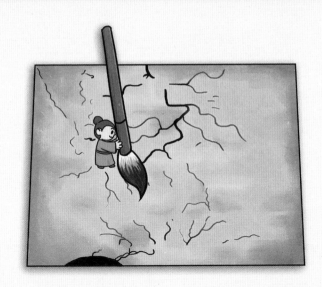

## 《地形图》

利豨墓出土的地图中，有一幅《地形图》，长、宽各96厘米，你用尺比量一下就知道它有多大了。图上画的是长沙国南部的地形，标注了当时的居民区、道路、河流、山脉等分布情况，符号设置有一定原则，大致具备了现代地图的要素。

## 《驻军图》

《驻军图》是一幅军事地图，长98厘米，宽78厘米，用黑、红、青3种颜色绘制。图中突出标注了9支驻军的布防、指挥城堡等，真实地记录了长沙国当时的军事情况。值得注意的是，它也是世界上现存最早的彩色军事地图。

**友情提示**

3幅地图的方位都是上南下北、左东右西，与现在通用的地图是相反的哦。

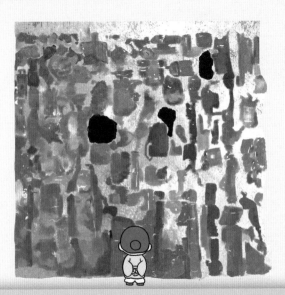

## 《城邑图》

这是利苍家族墓葬群的地图，也就是马王堆汉墓群的地图。图上画着城墙，城门上的亭阁用蓝色画出，街坊和庭院用红色画出，街道是正方形的。图上没有文字。此图损坏严重，至今还无法修复。

# 66 制图六体

## 中国地图的标尺

晋朝人裴秀（公元 224 年—271 年）出身名门望族，8 岁会写文章，十几岁被称为"后进领袖"。客人来家中拜访，与他父辈交谈后，总要和他聊一聊。裴秀的母亲出身低微，要给客人端茶倒水，但当客人得知她是裴秀之母后，都赶紧站起来向她致礼。裴秀长大之后非常有出息，被封为钜鹿郡公。他还考察地域山川，编撰了《禹贡地域图》等。不过，这部地图集后来失传了，只有序言残留下来，保存了他的著名理论——制图六体。

### 《禹贡地域图》

裴秀担任司空时，注意到行军打仗需要的地图大多简单粗陋，没有比例尺，也没有准确的方位，更不标记名山大川。于是，他组织人力绘制了《禹贡地域图》18 篇。

# 制图六体到底是什么

你可能很疑惑，什么是制图六体呢？简单地说，制图六体就是6条绘制地图的规则，即分率、准望、道里、高下、方邪、迁直。这是当时世界上最科学、最先进的规则。裴秀因此被后世誉为"中国科学制图学之父"。

## 分 率

分率看起来很难懂，但是如果说它现在叫比例尺，你是不是一下子就懂了呢？确定分率是画地图时必须严格遵守的法则，否则地图就不准啦。

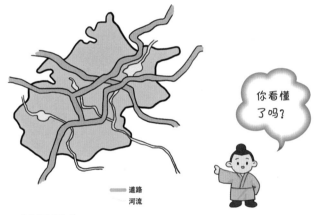

> 你看懂了吗？

=== 道路
—— 河流

### 计里画方

地图太大了，携带不方便，怎么把它缩小呢？裴秀想出了比例尺绘图法：先在纸上画满方格，方格的边长代表实际的里数，然后按照方格绘制地图，名为"计里画方"。

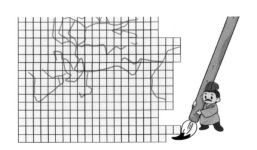

## 准 望

在看地图时，你会不会嘀咕"上北下南、左西右东"呢？这就是准望，也就是方位。但你要注意，晋朝地图的方位和现代地图的方位是相反的，上面是南，下面是北。这是因为古人认为南是尊贵的，皇帝要坐北朝南，所以，地图也把南放在了上方。有趣吧？

> 现代人要倒着看吗？

> 看地图也是体力活。

## 道 里

道里是指实际道路的距离。如果没有道里，你就无法知道地图上居民区之间的远近。

## 高 下

地球的表面不是平的，高下就是指地势高低。

## 方 邪

方邪这个名字看起来很怪，其实它是指地面坡度。

## 迁 直

迁直是指有弯路有直路。如果画到地图上，怎么画呢？裴秀认为，要根据实际地势来画。

### 你知道吗？

宋朝科学家沈括曾用面糊、木屑等材料模拟地形地貌，把它们堆在案上，想要制作立体地图。由于正值冬天，面糊容易被冻住，沈括便把面糊换成蜡，最终制作出立体地图，比西方早了600多年。

# 67 敦煌星图

## 世界上现存最古老的星图

有一种说法是：宋末元初时，一些僧徒担心战争会损伤敦煌的文献、绢画等，便将其藏入一个洞窟里，并把洞窟堵上。年久日深，洞窟被遗忘了。到了近800年后的清朝，一个叫王圆箓的道士在清理莫高窟流沙时，意外发现了秘室，这就是藏经洞，现在的第17窟。然而，清政府对王道士保护文物的请求无动于衷。英籍匈牙利人斯坦因使用诡计从王道士手中骗走了几十箱文物，藏入位于英国伦敦的大英博物馆，其中包括世界上最早的星图——全天星图，也就是敦煌星图。

## 什么是星图呢

我们知道，地球每一秒钟都在不停地旋转，因此，你在不同的地方看星星，或者在不同的季节看星星，它们在天上所处的位置都不一样。天文学家通过观测而记录下的星辰位置图，就是星图。

## 现代星图的鼻祖

敦煌星图的画法很"前卫"，它把北天极附近的星星画在圆图上，把距离北天极较远的星星画在横图上，与过去的画法完全不同，是现代星图的鼻祖。它采用的画法是圆柱和方位投影法。

## 1359 颗星

敦煌星图上画了1359颗星。所有恒星的位置都来自肉眼观测，但并不随意、马虎，而是极为精细，星位的误差在1.5°~4°。在望远镜发明以前，欧洲人画的星图从来没有超过1022颗星。中国古人竟能用肉眼观测到如此多的星辰，是非常了不起的。

## 敦煌星图"长"什么样

敦煌星图的"模样"很古朴，是画在纸上的，长394厘米，宽24.4厘米。所以，星图是一卷横图，从12月开始，每个月一幅画，共12幅。有趣的是，星图后还画了一位电神。另外，星图还包括1幅圆图——北极区星图，还有25幅云气图。

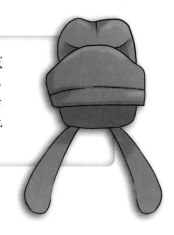

### 电神的帽子

敦煌星图上的电神戴着一顶硬脚幞（fú）头，硬脚幞头流行于盛唐中后期，所以学者们推测，此图可能画于唐中宗时期。

## 谁家的星星

如果你仔细看了敦煌星图，就会注意到，1000多颗星星是按照圆圈、黑点、圆圈涂黄的方式画的。其中，黑色的星星是甘德观测并记录的，橙黄色和黑圆圈的星星是石申、巫咸观测并记录的。请你看看下面这幅图，上面有几颗星星是石申"家"的，有几颗星星是甘德、巫咸"家"的?

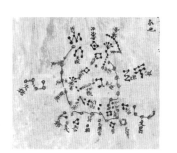

### 巫咸

巫咸是商朝人，喜欢数学和天文观测。当时，船在航行时没有定位的方法。巫咸指出，可以利用北极星来定位；如果看不到北极星，就用华盖星。

有我名字的环形山在月球背面，离北极圈不远。

### 石申

月球上有个环形山，就是以战国时期的石申的名字命名的。石申一生观测记录了121颗恒星，并第一次建立坐标概念。他还是世界上第一个记录太阳黑子、日食、月食的人。

### 甘德

甘德也是战国时期的人，他和石申建立了不同的恒星区划命名系统。他还用肉眼观测到了木星最亮的卫星——木卫三。而西方是由伽利略用望远镜观测到的，比甘德晚了近2000年。

### 陈卓

甘德和石申的天文记录被合称为《甘石星经》，是世界上最早的天文学专著，也是世界上最早的恒星表。三国时，吴国人陈卓将巫咸、石申、甘德三家所观测的恒星，用不同方式画在同一张图上，共有1464颗星。此图虽然失传了，但在敦煌文书唐代星占书残卷中仍能看到它的影子。

我发现你了!

你好哦。

## 太阳在移动

敦煌星图并不都是图，也有文字。每一月的星图下都有文字说明太阳在二十八宿的哪个位置。每一月的星图中，太阳的位置都不一样哦。

太阳走，我也走。

### 斗转星移

北斗星像一个斗的样子，它围绕着北极星不停地运行。古人把这个现象叫"斗转星移"。古人还根据它的运行来判断节气。

## 古人是在哪里观测的

根据敦煌星图上星的位置推测，唐朝的天文学家是在今天的西安、洛阳一带观测星辰的。家在西安、洛阳的小读者，当你想到你有可能路过唐朝天文学家的观测点时，会不会有一点儿小小的激动呢？

### 你知道吗？

有人认为，敦煌星图只是当时一个正式星图的摹本，因为它连基本的坐标线都没有画，恒星的位置也不够精确。

今晚天气晴朗，正是观测天象的好时候。

# 68 潮汐表

## 涨潮和退潮的秘密

中国对潮汐的认识很早。春秋时期管仲《管子》中，已将白天和晚上海水涨落称为"潮汐"。西汉枚乘《七发》中、东汉王充《论衡》中，已知潮汐与地月引力相关。到了唐朝，浙江人窦叔蒙总是对涨潮、落潮的大海感到神秘莫测，于是开始细致地观察潮汐和洋流的变化，并翻阅大量关于海洋的古籍记载，写成了一本《海涛志》（又叫《海峤志》）。这是现存最早的潮汐学专著。窦叔蒙总结了有关海洋潮汐的知识，发明了高低潮时的推算图，为海洋潮汐学做出了贡献。

### 你知道吗？

潮汐通常是指海水定期涨落的自然现象。古人把发生在白天的海水涨落称为"潮"，把发生在夜晚的海水涨落称为"汐"。潮汐是由于月球和太阳的引力而引发的。

## 庞大的计算

在对海洋和天象的观察中，窦叔蒙发现，潮汐的形成和月亮有关，潮汐会随着月亮运行轨道的变化而变化。他还做了一个庞大的计算，计算了自公元763年冬至，上推79379年的冬至之间的潮汐循环次数，即一个潮汐循环周期为12小时25分14.02秒，这个数值与现代计算只差28.04秒。

## 最早的潮汐预报

为了推算高潮和低潮的时间，窦叔蒙还制作了一个科学的图表，横轴是月相变化，纵轴是时间。这个"涛时表"是中国最早的高低潮时预报方法，比欧洲的"伦敦桥涨潮时间表"早了约450年。

## 大月和小月

宋朝时，学者张君房对窦叔蒙的涛时表进行了更精细的划分。之后，燕肃考虑到大月有30天、小月有29天，便根据天数又进行了精确推算。他还写了《海潮论》，画了《海潮图》，用图像说明了潮汐变化的原理。

燕肃是北宋科学家，复原了指南车、记里鼓车等仪器。为研究潮汐，他进行了大约10年实地考察。英国科技史学家李约瑟说："燕肃是个达·芬奇式的人物。"

## 实测钱塘江大潮

随着打鱼、制盐、航海、海战、海岸工程的发展，古人对潮汐更加关注。由于各个海域的地形、水温等都不一样，理论潮汐表总是与实际潮汐有出入，实测潮汐表便应运而生了。北宋学者吕昌明编制了钱塘江的实测潮汐表，记录了每天高潮的时间。

实测潮汐表其实也非常古老。东汉伏波将军马援曾在琼州海峡立了一块潮信碑，是最早的实测潮汐表。

# 69 四海测验

## 世界天文史上的盛事

唐朝著名的天文学家、僧人一行本名张遂，他制造了黄道游仪、水运浑天仪。他还是世界上第一次用科学方法测量地球子午线的人，他制定的《大衍历》在唐朝时传入日本，被使用了近百年。

元朝科学家郭守敬（公元1231年—1316年）从小勤奋好学，博览群书，长大后入朝为官。他在太史院担任长官时，负责天文历法等事项，有一天，他向元世祖忽必烈提出，要在全国范围内进行一次大规模的天文测量，以编制新的历法。为了说服忽必烈，郭守敬举例说，在唐朝时，僧人一行就曾带人在全国13处观测点进行过天文测量，如今大元王朝的疆域超过了唐朝，更应该派人分赴各地进行实测。忽必烈听了深以为是，"四海测验"就这样开始了。

## 古代的天文研究所

为进行"四海测验"，忽必烈派出14位监侯官，分道而行，在全国27个地方建造观星台。郭守敬亲自主持建造了河南登封观星台，台顶放着简仪、仰仪、圭表等天文仪器，用来观测日月等星体的运行。

登封观星台

## 里程碑式的实测

元朝疆域广袤，各地天亮和天黑的时间都不一样，因此，"四海测验"并未局限于皇宫附近，而是从东边的朝鲜半岛开始，一直到西边的四川、云南、河西走廊，北边则延伸至西伯利亚，南到南海黄岩岛。"四海测验"测量地域广阔，测量内容繁多，测量精度极高，测量人员极多，是世界天文史上的一座里程碑，比西方的大地测量早了620年。

## 还有一个"世界第一"

郭守敬从上都（今内蒙古多伦）、大都（今北京）开始，来到河南，又去南海，风雨兼程跋涉了几千里，亲自参与一路上的重要测验。在南海观测点，他登陆了黄岩岛，之后又登陆了附近的一些海岛，进行精细的测量，这是世界上第一次对黄岩岛进行的地理测量。

郭守敬得到"四海测验"的数据后，并没有直接编写历法，而是翻阅参考了1000多年以来的相关资料、70多种历法，进行充分考证后，才谨慎编写的。

简仪

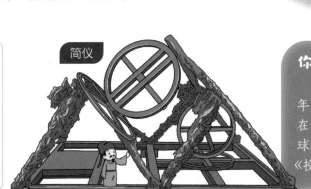

### 你知道吗？

郭守敬改良了简仪等天文仪器，测算出一个回归年是365.2425日，即365天5时49分12秒，与现在的观测数值365.2422日仅差25.92秒，与今天全球通用的公历周期相当。郭守敬等人据此编制成的《授时历》，成为当时世界上最先进的历法之一。

# 70 岩溶考察

## 徐霞客的贡献

明朝人徐霞客（公元1587年—1641年）是一位杰出的探险家、地理学家、文学家，他从小受父亲影响，淡泊名利，喜欢游历山水。他立志：男子汉大丈夫，应该早上面朝大海，晚上面对苍松。22岁时，徐霞客开始离家远游，他主要依靠步行，走遍了大半个中国。最终，他把30年的考察成果写成《徐霞客游记》。书中记载了他探索岩溶地貌的经历，并分析了成因。这是世界上第一次系统地记载岩溶地貌。

你一定不要误会，以为徐霞客是第一个发现溶洞的人。在他之前，古人早就发现了溶洞，但没有人像他一样专门研究、记载南方的岩溶地貌。他曾在广西、贵州、云南等地探寻了几百个洞穴，是世界上考察岩溶地貌的先驱。

### 《山海经》里的溶洞

《山海经》里记载的"南禺之山""熊山""视山"都有洞，夏天水会流出来，冬天就干涸。这就是地下溶洞。

## "喀斯特"这个词

地球上很多地方都有岩溶地貌。只不过，在国外，它被称为"喀斯特地貌"。"喀斯特"的意思是岩石裸露的地方。

### 《梦溪笔谈》里的石钟乳

在徐霞客之前，宋代科学家沈括写的《梦溪笔谈》中，曾谈到石钟乳的形成原因，说洞里的水滴下来形成了石钟乳。但沈括没有对岩溶地貌进行系统性的考察。

我忙不过来，这事留给更专业的人吧。

## 神奇的诞生

没有流水，就没有岩溶地貌；没有石灰岩，也不会有岩溶地貌；而且，环境还要潮湿，经常下雨。只有这样，石灰岩才能被水腐蚀、溶解，形成光怪陆离的岩溶地貌。

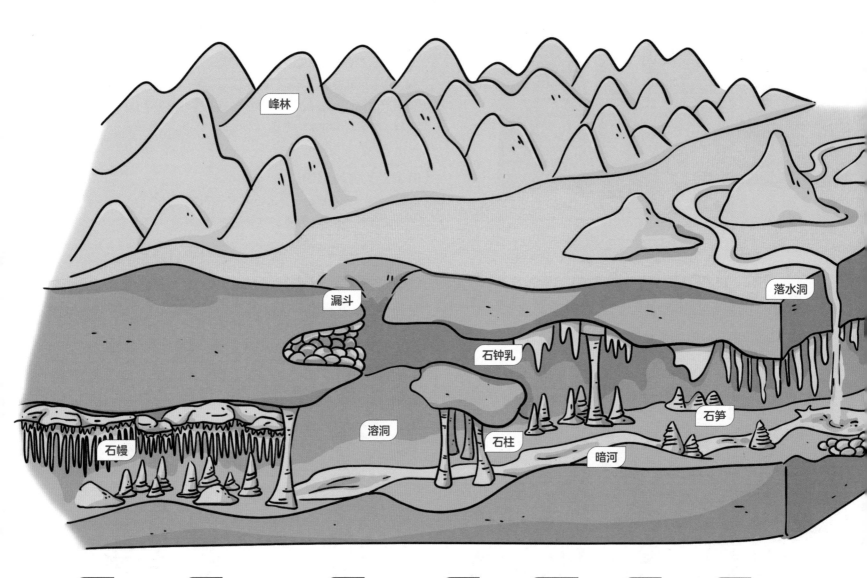

**石幔**

如果水像瀑布一样流下来，溶蚀岩石很厉害，就会形成幔帐一样的奇观。

**峰林**

地壳每一秒钟都在运动，导致有些山体上升，如果流水又赶来"凑热闹"，再加上长时间的风化，石灰岩就变身为峰林和峰丛了。

**漏斗**

地表水聚在一起，压着石灰岩，形成塌陷，真的很像漏斗呢。大漏斗又叫天坑。

**溶洞**

地下水溶蚀岩石，形成了千奇百怪的溶洞。

**石钟乳**

从洞顶往下悬挂的碳酸钙沉积物，叫石钟乳，也叫钟乳石。

**石笋**

如果碳酸钙沉积物从地面像笋一样往上"长"，就叫石笋。

**石柱**

石钟乳往下"长"，石笋往上"长"，它们相遇连接在一起，变成了石柱。

## 石钟乳的诞生

含有二氧化碳的水，渗到含有碳酸钙的石灰岩中，它们会结合出碳酸氢钙。碳酸氢钙溶入水中，往下滴落，这时水会蒸发，二氧化碳会飘走，只剩下碳酸钙，碳酸钙一点点慢慢堆积，经过漫长的时间，就堆积成了各种各样的石钟乳。当你看到一个 1 米左右的石钟乳时，它其实已经是上万岁的老爷爷了。

## 徐霞客的考察

中国的西南地区是世界上可溶岩连续分布面积最大，热带、亚热带岩溶地貌发育最典型的地区。公元 1636 年至 1639 年，徐霞客在西南进行了 3 年多的考察，考察范围比同时期的西方学者更广阔。他也是世界上第一个论述热带岩溶的人。在洞穴学考察方面，徐霞客准确、细致地记述了 300 多个洞穴，几乎涉及洞穴学的各个分支。

### 自己制造石钟乳

把小苏打加入水中搅拌，直到小苏打不再溶解；再把小苏打水分成两杯，把一根棉线的两端搭在两杯水中，一会儿你就能看到石钟乳啦。

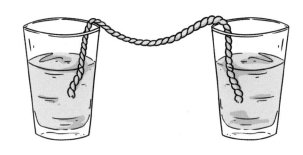

### 你知道吗？

四川省兴文县有一个天然大漏斗，直径 600 多米，深 208 米，比美国阿里西波大漏斗还大。阿里西波大漏斗直径 330 米，深 70 米。

### 暗河

地下水在溶洞里越积越多，就"长"成了河流。因为"隐身"在地下，地表上的人看不见它，所以叫暗河。

### 《徐霞客游记》的贡献

徐霞客写下的《徐霞客游记》是世界上第一部涉及石灰岩岩溶地貌学、洞穴学著作，为世界岩溶学做出了重要贡献。

### 落水洞

漏斗仍然逃脱不了被溶蚀的命运，洞越来越大，水流从洞中落下，就叫落水洞。

### 石笋能长多高

湖南张家界的一个溶洞中，有 1700 多根石笋，最高的超过 19 米，好像藏在地下的"定海神针"。

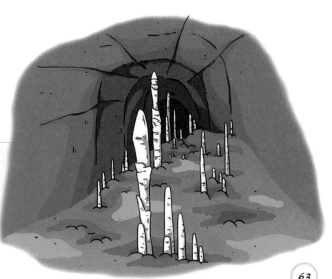

# 71 算筹

## 先进的计数

相传黄帝时代，古人还不会记数，人们想表达"数"的时候，就会比画手指。可一个人只有10根手指，如果数很大，就不知道该怎么办了。为了解决这个问题，黄帝让史官隶首想办法。隶首想：既然大家都以手指记数，如果用不同的符号来表示不同的手指，不就能轻松表示各种数目了吗？于是，隶首经过研究，发明出了从"一"至"十"的原始符号，创造了算筹。

## 十进位值制

就像人有 10 根手指一样，十进位就以十为基数，它的特点就是：每满 10，就向前一位数进一；每满 20，就向前一位数进二……以此类推。看出来了吧？十进位其实是用位置来体现数的，这就是位置值制。

### 你知道吗？

在世界上，古埃及人最早使用十进制，但这种十进制并无位置的概念。最早的位置值制，是两河流域的六十进位值制。而十进位值制计数法，也就是现代全球人通行的计数法，很可能最早出现在中国。

 1  2  3  4  5 6 7 8 9  10

100　　1000　　10000　　100000　　1000000

## 小·棍的大贡献

算筹的最大特点是简便、快捷。一直到元明时期，它都是古人常用的计算工具。正是看起来不起眼的几个小竹棍、小木棍，造就了中国古代数学长于算法的特点。

## 甲骨文上的十进制

商朝时，中国古人就开始使用十进制。甲骨文中有一到九、十、百、千、万共 13 个数字符号，前 9 个与后 4 个写到一起，分别表示十、百、千、万的倍数。前 9 个是两个字合成一个字，后 4 个是两个字一前一后写。

商朝人记录数时，顺序是几万几千几百几十几，有时也用"又"在万、千、百、十字或其中一部分之后做连接，表示小于 10 万的数。

## 古老的筹算

早期，十进位值制计数法是算筹计数法。如果总是让你用一堆石头或绳子计数，你肯定容易弄乱，古人也一样。春秋战国时，古人为了方便，发明了筹算。筹算的计算工具是算筹，即一根根竹制或木制的小棍子。一般来说，一根棍子竖着放就代表 1，横着放就代表 5。筹算记数分为纵式和横式，用纵式表示个位、百位、万位，用横式表示十位、千位。0 则用空位表示。

纵式

横式

1　　2　　3　　4　　5　　6　　7　　8　　9

# 72 中国珠算

## 小珠子创造的奇迹

**你知道吗?**

珠算使计算有了飞跃性进步,英国科技史学家李约瑟称之为中国的"第五大发明"。

汉朝人刘洪(约公元 129 年—210 年)为皇室宗亲,很年轻就做了官。他利用闲暇时间研究天文和数学,撰写了《乾象历》,并传授给徐岳(公元?—220 年)。徐岳潜心钻研历法,完善了《乾象历》,这为他以后从事算学研究打下了坚实基础。后来,他撰写出《数术记遗》(公元 190 年)等著作。《数术记遗》是最早出现"珠算"一词的数学著作。但这个"珠算"不是后世所称的有算盘和计算口诀的"珠算"。

66

## 数手指头这件事

在珠算出现之前，古人怎么计算呢？答案是：靠手指呀！"屈指可数""屈指算来"这些词语就能反映出祖先们最早的"计算器"是手指。千万不要小看数手指头这件事，它催生出了十进位制这个美妙发明。之后，古人又发明了摆树枝计数、垒石计数、结绳计数等方法，最终孕育出筹算、珠算。

### 神秘的陶丸

1978 年，陕西省岐山县凤雏村出土了西周时的文物，其中有 90 粒陶丸，青色的 20 粒，黄色的 70 粒。专家推测，这可能就是当时用来计算的珠子。

### 海昏侯墓里的发现

西汉海昏侯墓中出土了一块石板，上有一排排的方格，还出土了白色玉珠、黄紫色玛瑙珠，符合史书对游珠算板的记载，堪称"世界上最古老的计算器"。

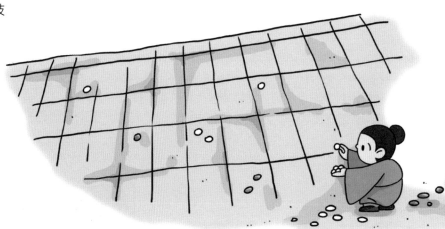

### "珠算"一词出现

到了东汉时，"珠算"一词在徐岳的《数术记遗》中出现了，书中记载："珠算，控带四时，经纬三才。"北周数学家甄鸾为之作注，大意是：刻板上放着珠子，上栏放 1 颗珠子，下栏放 4 颗珠子，用颜色来区别。上栏的 1 个珠子当 5；下栏的 4 个珠子每一个当 1。表数方式和现在的珠算相近，但没有形成一套口诀，还不够便捷。这时候的珠算是使用游珠的，游珠是指没有被固定在刻板上的珠子。

## 珠算未受重视

东汉时，一些商人开始使用珠算，但古代重视农业，歧视商业，瞧不起商人，所以珠算并未受到重视，古籍中很少记载。

## 串 珠

游珠使用起来不太便捷，还容易散失，于是，有人想到把算珠穿起来，固定在木框中，这下就更好用了。

## 无梁和有梁

起先，算盘只有框，没有梁和档。后来，有了梁，穿了档，又有了算盘口诀，算盘更普遍了。算盘通常为上面2颗珠子，下面5颗珠子，上面的一粒表示"5"，下面的一粒表示"1"。计算时，每一档满"5"时用一粒上珠表示，每一档满"10"时，再向前一档"进1"。

## 算珠挂腰上

早期，古人会把算珠放在袋子里，挂在腰上，使用的时候就放在算板上，如果没有算板，就在地上画格子。

## 乘法口诀

珠算以算盘为工具，运用口诀，通过手指拨动算珠，进行加、减、乘、除和开方等运算。唐宋时期，经济繁华，数字计算非常多，出现了大量珠算口诀，已经和今天的珠算口诀基本一致了。

框
上珠
档
梁
下珠

看见了吗？货郎的担子上有算盘。

# 五花八门的算盘

古代算盘的材质五花八门，有玉的、象牙的、犀牛角的、青花瓷的、紫檀木的、绿松石的、景泰蓝的……有的算盘还带着抽屉或文房四宝，便于算账时使用，是不是想得很周到？

二下五去三，三下五去二……

我也会背！

## 程大位

明朝时，商人程大位（公元 1533 年—1606 年）因时常要算账而使用珠算，60 岁时写成《算法统宗》（公元 1592 年）一书，描述了珠算的规则，确立了算盘的用法，完善了珠算口诀。明朝末年，此书传入朝鲜、日本，后又传到欧洲。

## 朱载堉

朱载堉（公元 1536 年—1611 年）是明太祖朱元璋的九世孙，他拒绝继承王位，一心一意沉溺在天文、数学和音律的研究中。他用横跨 81 档的超大算盘进行开平方、开立方计算，还创造了十二平均律。（本册 82 页有详述）

# 垛积术

## 数酒坛子的学问

宋朝时，城市繁华，有很多茶肆和酒店。一些酒家为了节省地方，经常把酒坛堆积起来，形状就像倒扣的斗。有一天，官员沈括（公元1031年—1095年）注意到堆积起来的酒坛，便问掌柜一共堆了多少酒坛。掌柜面露难色，因为他也记不得了。沈括更加好奇，决定用一个快速的方法计算出来。沈括仔细观察坛堆，发现坛堆的四面是倾斜的，但边缘有亏缺，中间又有间隙。他反复思考，反复计算，反复验证，发明出了隙积术。垛积术就是在隙积术的基础上发展形成的。

## 瓶瓶罐罐引发的数学

宋朝时手工业非常发达，生产出很多坛子、罐子、瓶子等，堆垛成各种多面体的形状。数学家们认识到，《九章算术》中关于多面体体积的算法已经不再适用了，便丰富和发展了隙积术，最终形成了垛积术。

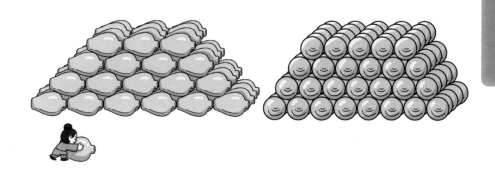

## 垛积术到底是什么意思

关于这个问题，可以从隙积术说起。隙积就是有空隙的堆垛体，像垒起来的棋子，也像酒铺里堆起来的酒坛。垛积术的意思就是：由层数求某一个垛积的总和，或者由其总和求其层数。

## 垛积术的巅峰

元代数学家朱世杰深入研究了垛积术，归纳出三角垛公式，把三角垛公式引用到"招差术"中。他列出的招差公式，与现代通用的公式完全一样，比牛顿早了300年左右。关于垛积术的研究就此达到高峰。

朱世杰（公元1249年—1314年）是一位平民数学家，著有《算学启蒙》（公元1299年）、《四元玉鉴》（公元1303年）。他创造的消未知数方法叫四元消法，领先于世界，直到18世纪法国数学家贝祖提出一般的高次方程组解法，才超过他。美国科学史家萨顿称赞他是"贯穿古今的一位最杰出的数学家"。

# 74 制墨

## 木炭的妙用

相传周朝（公元前1046年—公元前256年）的时候，有一个叫邢夷的人，很喜欢画画。一日，他在河边洗手，看到水里漂来一块松炭，他的手碰到松炭后被染黑了。这时，他猛然想到，既然松炭可以把手染成黑色，那应该也能用于画画和写字。于是，邢夷把松炭带回家，捣成粉末，再加入糯米粥和锅灰，使其黏合凝固，搓成一个黑条。邢夷给黑条取名为"黑土"，又觉得草率，便把"黑土"二字合在一起，称为"墨"。

## 松烟墨的"身世"

松烟墨刚出世时是"黑皮肤"，汉代皇帝会用它赏赐下属。唐朝时，经过朱砂等颜料"美容"，它变成了"红皮肤"，人们尊称为朱墨。此外还有彩墨。后来，古松越来越少，不满 10 岁的小松树也遭砍伐，松烟墨家族就没落了。

## 做一块松烟墨

### 放灯盏

如果想制作一块松烟墨，先要在松树树干上凿出一个小洞，放一个点燃的小灯盏，使乳白色的松香流出来。如果没有松香流出，烧出来的烟灰就会粘在一处，不够松散。

### 进竹蓬窑

松香流干后，砍下松树，放进竹蓬窑；点燃松木，浓烟从窑上小孔钻出，但孔道狭窄，许多烟雾挤不出去，在窑内变成烟灰；几天后，松木烧净，等火堆冷却，就可以刮取烟灰了。

### 你知道吗？

还有一种油烟墨，就是把桐油放在一个个灯盏里，点燃灯芯，让油慢慢燃烧；灯芯上倒扣着碗，碗内会变黑，用鹅毛刷轻轻地将油烟刷到纸片上，就得到了油烟灰。一个熟练的油工可以管理 200 盏油灯。他必须动作敏捷，尽快地把油烟刷下来，否则油烟就老了，不能制出好墨。

# 唐卡
## 藏文化的"百科全书"

"唐卡"是藏语的发音，意为彩色卷轴画，专用于佛教供奉。关于它的来源，有以下几种说法：唐卡是随佛教一起传入西藏的，唐卡是受中原卷轴画的影响而形成的，唐卡最初是西藏僧侣随身携带的传教布画。

唐朝时，青藏高原上有一个吐蕃王朝，吐蕃王朝有一任赞普（相当于国王）叫松赞干布（公元 617 年—650 年）。松赞干布统一西藏，发展农牧业，命人制定文字，并与大唐王朝联姻，被唐朝封为驸马都尉、西海郡王。松赞干布还从大唐王朝和天竺引入了佛教。传说有一天，松赞干布正在绘画，突然流了鼻血，他认为这是神的启示，于是画了一幅吉祥天母白拉姆像，人们认为这就是最早的唐卡。

## 复杂而严格的画

唐卡上的内容丰富多彩，包括佛教故事、神话传说，涉及医药、历史、建筑、天文等，被誉为藏族文化的"百科全书"。要想绘制一幅唐卡，需要花费很长的时间，有的甚至需要数年，因为它有一整套复杂的"程序"。让我们一起来体验一下吧。

**绷画布**

将白棉布绷在画架上。

**磨画布**

用圆石头或碗沿摩擦布面，直到布面变得光滑。

**画轮廓**

先在布上定线，确定尺寸、比例、位置，再描画轮廓。

**涂底色**

涂一遍颜色。

**晕染**

上"彩妆"，进行渲染，使其立体、丰富。

**勾线**

用细尖之笔勾描人物的肌肤、衣服及山石、云彩等。

**勾金线**

将纯金粉末与水、骨胶混合，涂描佛像的头饰、佛光等，使佛像好像会发光一样。

**点睛**

点上眼睛，如"画龙点睛"，使整幅画充满灵气。

### 你知道吗？

很多唐卡历经千年岁月仍不褪色，秘密就在于其颜料都是从天然矿物和植物中提取而来的。矿物颜料历经百万年才形成，化学物质很稳定，所以会持久不变色。有的唐卡还用黄金、珍珠、玛瑙、珊瑚和绿松石等作为颜料，十分昂贵；为了防腐，颜料中还会加入骨胶和牛胆汁；过滤颜料时有时会用厚实的羊毛。

# 76 曾侯乙编钟

## 伟大的乐器发明

春秋战国（公元前770年—公元前221年）时期，南方有一个小诸侯国——曾国。曾国有一任国君名叫乙，他足智多谋，勇武果敢，擅长车战，还喜欢音乐。有一年，乙命人用青铜打造了一套巨大的编钟，并经常观看编钟演奏。他非常喜爱这套编钟，临终前特意下令让它随葬。楚惠王听到他的死讯后，派人送来一份祭奠之礼——一只镈（bó）钟。曾国把这只镈钟悬挂在编钟底架的中间位置，跟随曾侯乙一起葬入了地下。

## 锡的秘密

曾侯乙编钟的"身子骨"是由铜、锡、铅构成的，锡含量不低于13%，非常科学。因为如果锡含量低于13%，敲出来的乐声就很刺耳；如果锡含量过高，编钟就容易被敲碎。

### 震撼的一刻

1978年，考古队对湖北随县（今随州）曾侯乙墓进行抢救性挖掘。墓葬打开时，四处是水，等到把水抽完，大家看到了极其震撼的一幕：一个庞大的物体静立在地上，悬挂着层层古钟。这就是曾侯乙编钟。

## 铅的神奇

铅是一种神奇的元素。如果编钟里没有铅，编钟的"骨骼"就会很脆，不耐敲；如果含铅量过高，乐声就会干涩。曾侯乙编钟的含铅量为1%~3%，恰好使乐声韵味悠长。

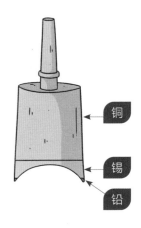

铜

锡

铅

### 只演奏过3次

曾侯乙编钟出土后，演奏过3次。一次是在复原后，一次是在中华人民共和国成立30周年国庆时，还有一次是在1997年迎接香港回归时。

**组装钟**

整个编钟重约 5 吨，甬钟是分别制造后再组装的，为当时最先进的技术。

钟的大小不一样，发出的声音也不一样哦。

3.35 米

2.73 米

**一钟双音**

每个钟都能敲出两个乐音（在正面敲打和在侧面敲打时，声音是不同的），也可以同时敲出两个乐音，产生和声。

我得去数一数，听说一共有 65 个钟呢。

**编钟长了"青春痘"**

编钟上的突起，好像长了痘痘，这叫钟枚，可以抑制不和谐的乐声振动，减少余音缭乱。

钟枚

鼓

**7.48 米**

## 合瓦形

如果钟为圆形，敲击时，振动的曲线会连在一起，声音响个不停。古人把钟做成扁形，减少了声音之间的互相干扰。

## 编钟发声原理

钟小，音调高，音量小；钟大，音调低，音量大。

**19 只钮钟**
发出高音

## 你知道吗?

曾侯乙编钟的音列为今天通行的 C 大调，能演奏七声音阶乐曲。比现代钢琴少一个八度，却比钢琴出现的时间早了 2000 多年。

**33 只甬钟**
发出中音

**1 只镈钟**
可单独悬挂
打击发音

原来它就是楚惠王送给曾侯乙的祭奠之礼。

**2.65 米**

**12 只甬钟**
发出低音

## 6 个铜人

编钟的横梁由 6 个佩剑的青铜武士托举，构思奇特。

## 镈钟

此件镈钟和此套编钟本不是"一家人"，是当时下葬时临时去掉一个甬钟，加上了它。钟上刻有 30 多个字，记录了楚惠王把它送给曾侯乙这件事。

# 管口校正

## 关于竹管的事儿

西晋开国功臣荀勖（xù）是一位文学家、音律学家。相传他走在路上，听到赵地商人的牛铃声，都能辨识出其中的音律。他掌管宫廷乐事后，发现音调不协调，便说："如果能得到赵地的牛铃音调就好了。"他命人送来牛铃，最终调好了音律，经过他修正的雅乐没有不谐韵的。为了校正音律，他还研制了12支律笛，通过改变律管的长度成功地进行了管口校正，是早期声学的重大成就之一。

律笛就是调节音律的竹管，也就是音高标准器。荀勖对每个笛孔的开孔位置都进行了详细的计算，并把数学公式记了下来。

## 空气影响声音

音律学是古代声学的重要部分，而确定标准音高则是音律学最基本的工作之一。用什么来确定标准音高呢？当然就是音高标准器啦。在西方，音高标准器以弦线为主，中国古人曾用蚕丝、马尾、动物筋腱等制造弦线……可是一旦空气中的温度、湿度发生变化，弦线就会受到影响，音就不准了。于是，古人开始用弦线和律管相结合的方法来确定音高。

**律衣**：装律管的绢袋

**12 根律管**

马王堆汉墓出土的律衣、律管

## 为什么要用 12 根律管

律管就是一根管子，两端开口，人从一端向管中吹气，空气就会在管中振动，发出声音。律管的长度不同，发出的音高也不同。根据这一点，古人用不同长度的律管来确定音高，每一根律管对应一个音，最常用的是 12 音，就是十二律，所以需要 12 根不同长度的律管。

## 荀勖的发现

律管两端是开口的，它吹出的音也存在误差，要想保证律管的发音是准确的，必须要对律管进行管口校正。荀勖的办法是通过改变律管的长度，成功完成管口校正。

## 学者的发声

西晋时，有学者提出，缩小管径可以完成管口校正。北宋学者首次写下了整套律管的长度、直径等研究数据，这在历史上还是第一次。

玉律

### 你知道吗？

使用律管作为音高标准器，在世界声学史上是一个奇迹，进一步推进了人们对有关音律数学规律的认识。

# 78 十二等程律

## 王子的发明

朱载堉在数学、天文学、音律等方面取得了巨大成就，他计算出的太阳回归年长度值与今天的数值只差17~21秒。英国科技史学家李约瑟称他为"中国文艺复兴式的圣人"。

朱载堉所绘节拍舞姿

明朝开国皇帝朱元璋的九世孙朱载堉（公元1536年—1611年）的父亲是郑恭王。郑恭王虽然身世显赫，但布衣蔬食、修德讲学、折节下士，深深地影响了朱载堉。朱载堉不仅简朴敦厚，还聪颖好学。不料，父亲因为得罪了皇帝而被囚禁起来，朱载堉每天住在王宫外的土屋里，枕着草席睡觉，直到19年后父亲被赦免。父亲去世后，朱载堉放弃了王位，潜心研究天文、数学、音律，取得了震撼世界的成就，其中就包括十二等程律，也叫"十二平均律"。

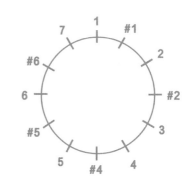

## 难以理解的名字

"十二等程律"这几个字听起来十分晦涩难懂，如果叫它的另一个名字——十二平均律，是不是就有点儿容易理解了呢？慢慢地读这几个字：十二—平均—律，意思就是：把一组音平均地分成了 12 个半音音程的乐律体制。一组音就是一个"八度"。两个音的音调听起来几乎完全重合，这就是一个八度。

## 音乐王子的办法

朱载堉利用他出神入化的数学、音律学知识，直接把音的频率比定为 2：1，分成 12 个半音音程，解决了十二律单音演奏的难题，使乐音可以顺利转调，并能进行和音演奏，极大地拓展了乐曲的表现空间。

## 可以随意变调

十二等程律把一个八度的音程平均分割成 12 个半音音程，使相邻的两个半音之间的波长之比完全相等。无论是作曲家还是演奏家都可以随意地变调，可以充分地表达自己的思想感情，而不再受乐器的限制了。

## 给钢琴定音

在制定十二等程律时，朱载堉运用了勾股定理等算法，还利用算盘第一次准确计算到了小数点后 24 位，远远超出了音律学应用的需求。现在，十二等程律作为最主要的调音法，广泛使用在交响乐队和键盘乐器的演奏中，钢琴也是根据十二等程律来定音的。

### 你知道吗？

18 世纪，德国作曲家巴赫用修正后的十二等程律作曲，获得了成功。此后，十二等程律在欧洲被广泛使用。

# ⑦ 独轮车

## 不起眼的大发明

汉朝名士鲍宣曾跟随桓姓大儒学习，桓姓大儒赏识鲍宣能守清苦，便把女儿少君嫁给他，还给了很多嫁妆。但鲍宣并不高兴，他对少君说："你生于富贵之家，习惯了锦衣玉食，但我家贫穷，我们并不般配。"少君听了这番话，明白了鲍宣的志向，于是脱去奢华服饰，换上粗衣陋服，满足了鲍宣的心愿。鲍宣于是接纳了少君，二人一起推着鹿车回到乡里。这种鹿车被很多人认为就是一种独轮车。

### 你知道吗？

相传三国时期，诸葛亮率军北伐，为了运输粮食，发明了木牛流马。木牛流马只有一个轮子，也被认为是一种独轮车。

## 独轮车的"特技"

　　汉朝时，独轮车似乎不少，因为一些汉墓的壁画上大都画有独轮车。独轮车有两轮车、四轮车没有的"特技"：凭一只单轮着地，窄路、山路、巷道、田埂、木桥统统都能通过。由于车子走过时地面会留下一条直线或曲线，所以独轮车又名"线车"。

## 惊人的载重力

　　独轮车设计巧妙，负重力惊人，通常能一次承载6个人的重量，却不用担心人拉不动，也不用担心车会被压垮。

▶ 独轮车看着简单，其实车轮制作复杂，先要做成多个扇形，再利用榫卯结构把它们拼接成圆形。

▶ 依靠榫卯结构连接后，独轮车在装满东西走颠簸的路时，不会轻易散架。

## 给独轮车加风帆

　　既然船能借助风力前行，车为什么不能呢？于是有人在车架上安装了风帆。有了风的助力，推车人更轻松了。这就是加帆车。

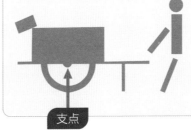

支点

　　独轮车运用杠杆原理将重量分散在车轮（支点）上，也分散在车身和拉车人的身上，这使得它能够承载很多很重的东西。

**北方独轮车**

　　有的北方人会用驴来拉独轮车，车上还安装了棚子，既可以装货，又可以面对面坐两个人。这种车能跑很远的路。

**南方独轮车**

　　南方的独轮车没有棚子，只有木头做的平板，靠一人推车。这种车装不了太多的东西，也走不了远路。

**图书在版编目（CIP）数据**

了不起的中国古代科技 . 3 / 邱成利主编；文小通
著 . —— 北京：光明日报出版社，2023.5
ISBN 978-7-5194-7183-5

Ⅰ . ①了… Ⅱ . ①邱… ②文… Ⅲ . ①技术史－中国
－古代－青少年读物 Ⅳ . ① N092-49

中国国家版本馆 CIP 数据核字 (2023) 第 077611 号